U0365740

建筑工程设计专业图库

给排水专业

上海现代建筑设计（集团）有限公司　　编

中国建筑工业出版社

图书在版编目(CIP)数据

上海现代建筑设计（集团）有限公司建筑工程设计专业图库．给排水专业／上海现代建筑设计（集团）有限公司编．－北京：中国建筑工业出版社，2006
ISBN 7-112-08643-4

I.上...　II.上...　III.①建筑设计－图集②给排水系统－建筑设计－图集　IV.①TU206②TU991.02-64

中国版本图书馆CIP数据核字(2006)第106381号

责任编辑：徐纺　邓卫

上海现代建筑设计（集团）有限公司建筑工程设计专业图库　给排水专业
上海现代建筑设计（集团）有限公司 编
*
中国建筑工业出版社出版、发行（北京西郊百万庄）
新华书店经销
上海恒美印务有限公司制版
北京中科印刷有限公司印刷
*
开本：889毫米×1194毫米　1/16　印张：6¾　字数：213千字
2006年12月第一版　2006年12月第一次印刷
印数：1－5000册　定价：54.00元
ISBN 7-112-08643-4
(15307)

本社网址：http://www.cabp.com.cn
网上书店：http://www.china-building.com.cn

编制委员会

主　　任：盛昭俊

副 主 任：高承勇　黄磊　杨联萍　田炜

成　　员：建　筑：许一凡　舒薇蔷　范太珍　傅彬　王文治　马骞（技术中心）

结　构：顾嗣淳　李亚明　陈绩明　王平山　邱枕戈　唐维新　冯芝粹　沈海良　余梦麟　蔡慈红　周春　陆余年　梁继恒（上海院）

给排水：余勇（现代都市）徐燕（技术中心）

暖　通：寿炜炜　张静波（上海院）郦业（技术中心）

电　气：高坚榕（现代华盖）李玉劲（现代都市）谭密　王兰（技术中心）

动　力：刘毅　钱翠雯（华东院）崔岚（技术中心）

执行主编：许一凡

执行编辑：王文治

档案资料：向临勇　张俊　葛伟长

装帧设计：上海唯品艺术设计有限公司

给排水专业
Plumbing

集团技术负责人：　盛昭俊　高承勇

技术审定人（技委会）：　冯旭东　徐风

分册主编：　余勇

编制成员：　徐燕

前言

从上世纪90年代中期开始，我国进入了基本建设的高速发展期，中国已成为世界最大的建筑工程设计市场。作为国内建筑工程设计的龙头企业，上海现代建筑工程设计（集团）有限公司（以下简称“集团”），十年多以来承接了上海及全国各地数千项建筑工程项目，许多工程项目建成后，不仅成为该工程项目所在地区的标志性建筑，而且还充分代表了当今中国乃至世界建筑技术的最高水平。在前所未有的建设大潮下，集团的建筑工程设计水平得到空前的提高，同时也受到前所未有的挑战，真所谓：机遇与挑战并存。

集团领导居安思危，为了提高集团建筑工程设计效率和水平，控制设计质量，做好技术积累总结工作，实现集团工程设计的资源共享，从而进一步提高集团建筑工程设计的综合竞争力，于2003年下半年决定由集团组织各专业的专家组成编制组，开始编制《建筑工程设计专业图库》。

编制组汇集了集团近十年来完成的几百项大中型建筑工程项目中万余个各专业实用的节点详图、系统图和参考图，通过大量的筛选、修改、优化等编制工作，不断听取各专业设计人员的意见及建议，并经过了集团技术委员会反复评审，几易其稿，于2006年3月完成了第一版的编制工作并通过了专家组的评审。

《建筑工程设计专业图库》的编制采用了现行的国家规范和标准，涵盖建筑、结构、给排水、暖通、电气、动力等六个设计专业，取材于许多已建成的重大工程项目，具有一定的实用性和典型性，适用于各类民用建筑的施工图设计。编制组为了使之更具代表性，结构、动力、暖通、电气专业引用了部分国标图集。

《建筑工程设计专业图库》的出版，集中反映了集团十多年来在建筑工程设计实践中所积累的技术和成果，也体现出编制人员的无私奉献的精神和聪明卓越的才智。评审委员会认为《建筑工程设计专业图库》不仅是集团建筑工程设计技术的积累和提高，而且对提高设计效率和水平、控制设计质量将有极大帮助，具有很好的参考意义，是建筑工程设计人员从事施工图设计的好助手。

《建筑工程设计专业图库》是供建筑工程施工图设计参考的资料性图库，其编制工作是一项长期的基础性技术工作，也是设计技术逐步积累和提高的过程。《建筑工程设计专业图库》的第一版，重点还只能满足量大面广的基础性设计的需求，随着日新月异的建筑设计技术的发展，还必须不断地更新、修改、充实和完善。《建筑工程设计专业图库》的成功与否，关键在于其内容是否实用，是否符合建筑设计的需求。为此，编制组希望《建筑工程设计专业图库》在推广应用的基础上，能充分得到国内同行的批评指正，吸取广大建筑工程设计的意见，以便不断地积累和完善，同时也能不断体现出设计和施工的最新技术，进一步提高新版本的水平及参考价值。

为了更好地让《建筑工程设计专业图库》被广大设计人员应用，编制组在编制的同时，推出了相应的使用软件，所有图形都有基于AutoCAD软件的DWG文件，编制组为了规范和统一集团的CAD应用标准，提高CAD应用水平，所有DWG文件都是按照集团《工程设计CAD制图标准》编制，并配套开发了检索软件，软件采用先进的软件技术和良好的用户界面，设计人员可在AutoCAD环境下，通过图形菜单方便地检索到所需的图形文件，供设计人员直接调用。同时，《建筑工程设计专业图库》的推广应用可以为设计院建立一个工程设计的技术交流平台，在这个平台上，《建筑工程设计专业图库》的内容可以不断地被设计人员充实、更新、完善，更有利于建筑设计技术的不断积累和提高。

几点说明：

1. 《建筑工程设计专业图库》中的节点详图、系统图和参考图，取材于实际工程的施工图，其优点是源自工程，具有很强的参考性和实用性，缺点是由于项目的特殊性，详图缺乏一定的通用性，不一定适用于其他项目。因此，《建筑工程设计专业图库》不是标准图集，其定位是建筑工程设计实用的参考图库，设计人员务必要根据工程项目的条件、要求和特点参考选用，绝对不能盲目调用。作为工程设计的参考图集，《建筑工程设计专业图库》不承担工程设计人员因调用本图集而引起的任何责任。
2. 《建筑工程设计专业图库》取材于上海现代建筑设计（集团）有限公司完成的工程项目，其中的图集有可能不适合其他地区的工程设计，图纸的表达方式也可能与其他地区存在一定的差异。
3. 由于编制人员的水平有限，各专业存在内容不系统和不全面的问题，也存在各专业不平衡、部分内容不适用、参考价值不高的情况。

值此《建筑工程设计专业图库》出版之际，谨向所有关心、支持本书编写工作的集团及各子分公司的领导、各专业总师和设计人员，尤其是负责评审的集团技术委员会所有为此发扬无私奉献精神、付出辛勤工作的专家，在此表示最诚挚的谢意。

《建筑工程设计专业图库》编制委员会
2006年10月18日

現代設計

给排水专业

Plumbing

目录

1 给排水施工图图块

2 给排水施工图图例

名　　　称	平　面	0°	45°	90°	135°
角阀					
洗涤盆单龙头					
洗涤盆回转单龙头					
洗涤盆单把肘式单龙头					
洗涤盆双把肘式混合龙头（冷水）					
下进水洗涤盆脚踏开关单龙头					
侧进水洗涤盆脚踏开关单龙头					
洗涤盆双联化验龙头					

名　　称	180°	225°	270°	315°	
角阀					
洗涤盆单龙头					
洗涤盆回转单龙头					
洗涤盆单把肘式单龙头					
洗涤盆双把肘式混合龙头（冷水）					
下进水洗涤盆脚踏开关单龙头					
侧进水洗涤盆脚踏开关单龙头					
洗涤盆双联化验龙头					

名　　称	平　面	0°	45°	90°	135°
洗涤（化验）盆三联化验龙头					
化验盆单联化验龙头					
幼托穿孔出水管洗手槽					
幼托冷水龙头洗手槽					
弹簧饮水龙头					
开水炉给水接口					
电（煤气）加热热水器					
自闭式冲洗阀坐便器					

名　　称	180°	225°	270°	315°	
洗涤（化验）盆三联化验龙头					
化验盆单联化验龙头					
纺托穿孔出水管洗手槽					
纺托冷水龙头洗手槽					
弹簧饮水龙头					
开水炉给水接口					
电（煤气）加热热水器					
自闭式冲洗阀坐便器					

名称	平面	0°	45°	90°	135°
儿童蹲便器（高水箱蹲便器）					
蹲便器（小便器）自闭式冲洗阀					
虹吸式自动冲洗小便器单联高水箱					
虹吸式自动冲洗小便器双联高水箱	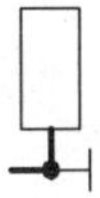				
虹吸式自动冲洗小便器三联高水箱					
虹吸式自动冲洗小便槽高水箱				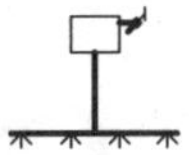	
虹吸式自动冲洗大便槽高水箱					
淋浴器浴盆单柄混合龙头（冷水）	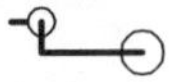				

名　　　称	180°	225°	270°	315°	
儿童蹲便器（高水箱蹲便器）					
蹲便器（小便器）自闭式冲洗阀					
单联高水箱虹吸式自动冲洗小便器					
双联高水箱虹吸式自动冲洗小便器			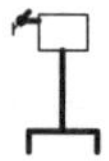		
三联高水箱虹吸式自动冲洗小便器					
高水箱虹吸式自动冲洗小便槽			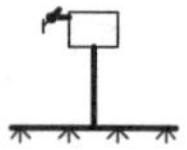		
高水箱虹吸式自动冲洗大便槽					
淋浴器浴盆单柄混合龙头（冷水）					

名　　称	平　面	0°	45°	90°	135°
淋浴器浴盆双把混合龙头（冷水）	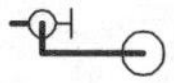				
单管成品淋浴器					
双管成品淋浴器（冷水）	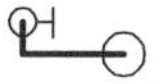				
感应式冲洗阀	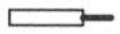	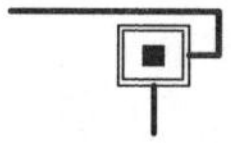	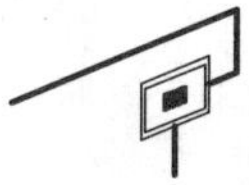	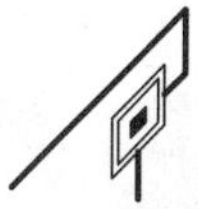	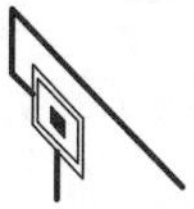

名　　称	180°	225°	270°	315°	
淋浴器浴盆双把混合龙头（冷水）					
单管成品淋浴器					
双管成品淋浴器（冷水）					
感应式冲洗阀					

名称	平面	0°	45°	90°	135°
洗脸（手）盆混合龙头（热水）	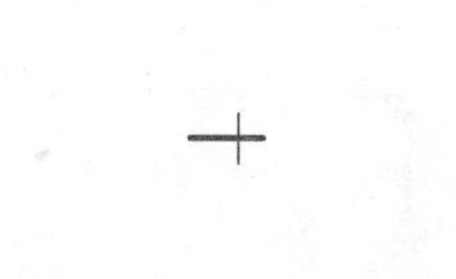				
洗脸（手）盆混合龙头	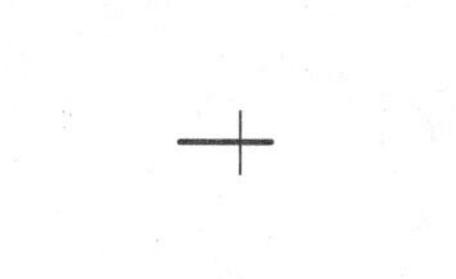			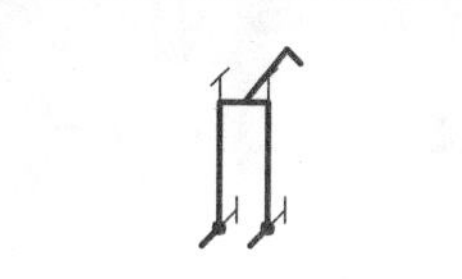	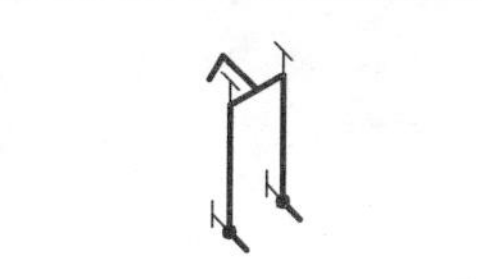
洗涤盆回转混合龙头（热水）	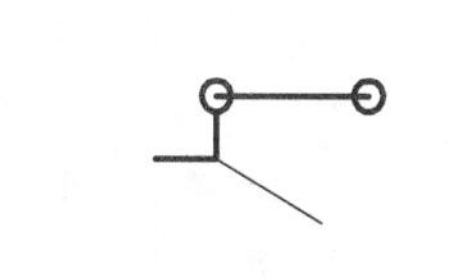	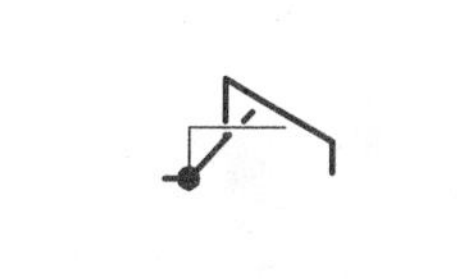		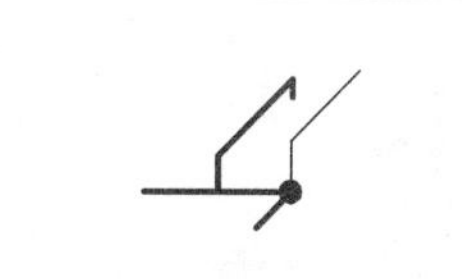	
洗涤盆回转混合龙头	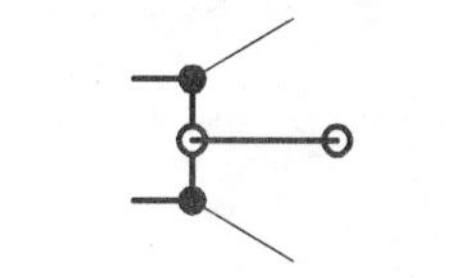	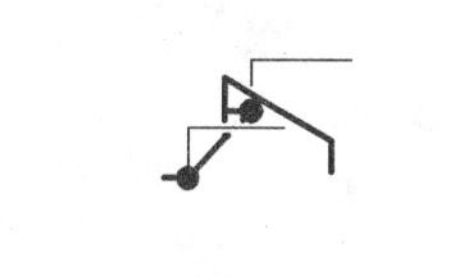	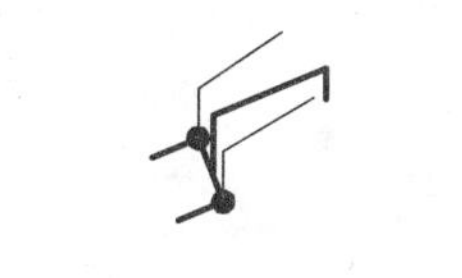	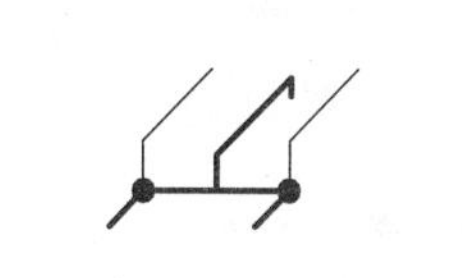	
洗涤盆双把肘式混合龙头（热水）	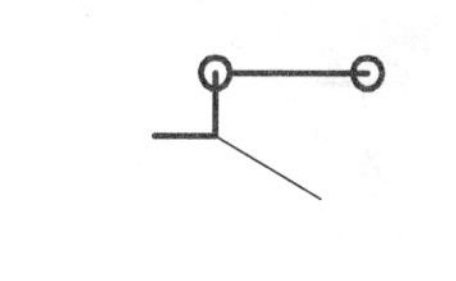	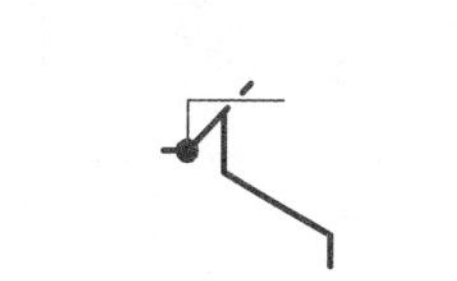		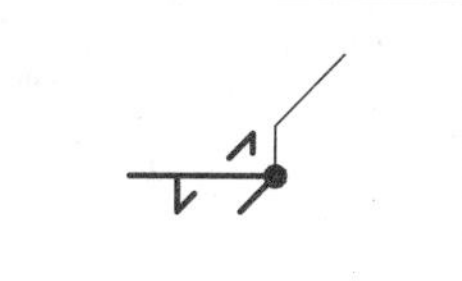	
洗涤盆双把肘式混合龙头	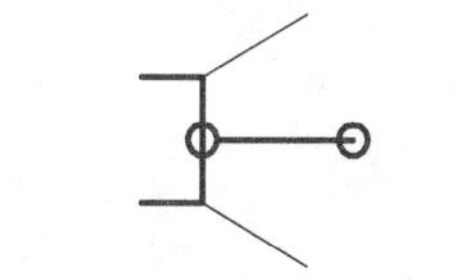	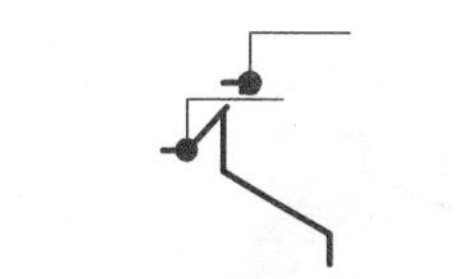		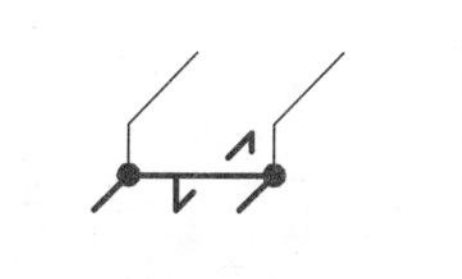	
淋浴器浴盆单柄混合龙头（热水）	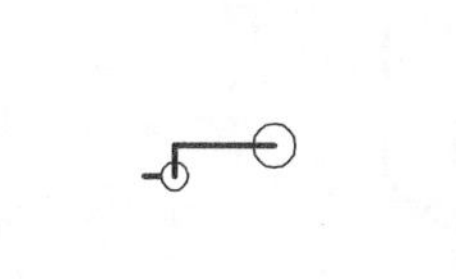	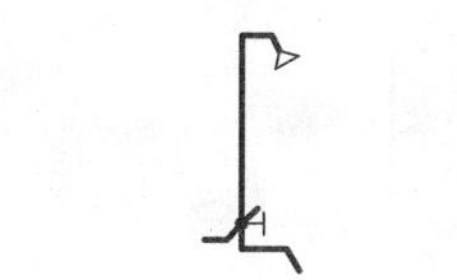	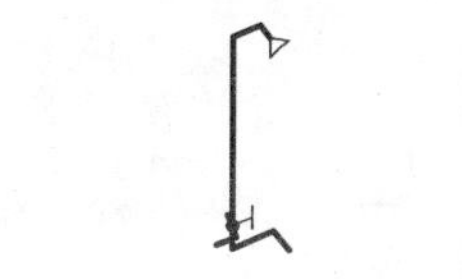	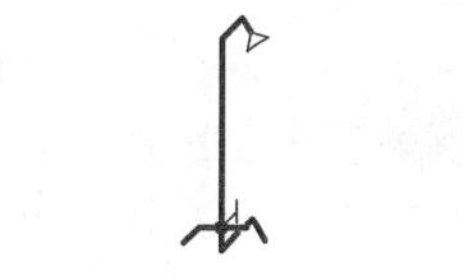	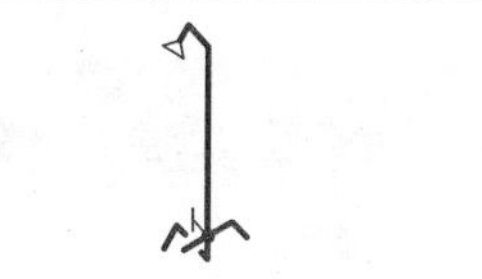
淋浴器浴盆单柄混合龙头	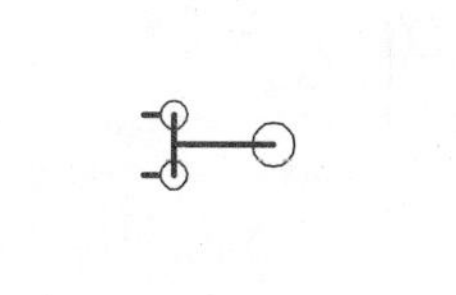		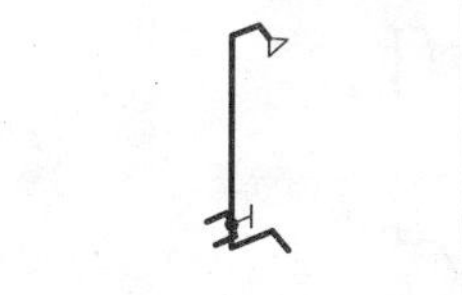	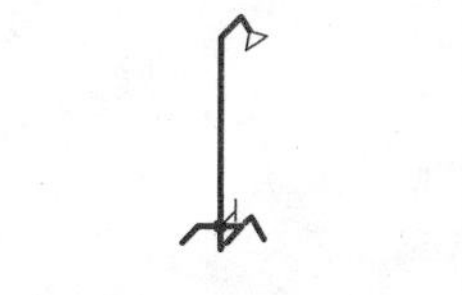	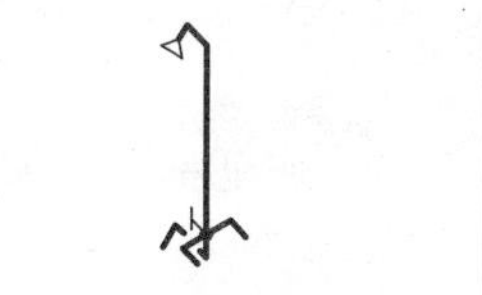

名　　　称	180°	225°	270°	315°	
洗脸（手）盆混合龙头（热水）					
洗脸（手）盆混合龙头					
洗涤盆回转混合龙头（热水）	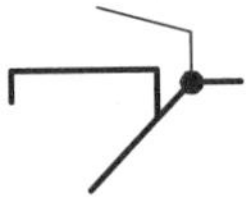				
洗涤盆回转混合龙头	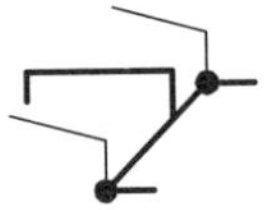				
洗涤盆双把肘式混合龙头（热水）	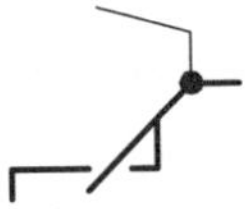				
洗涤盆双把肘式混合龙头	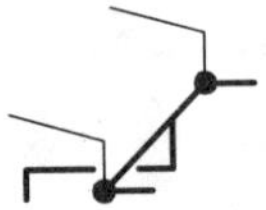				
淋浴器浴盆单柄混合龙头（热水）					
淋浴器浴盆单柄混合龙头	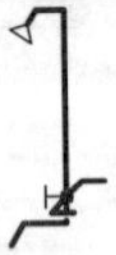				

名　　称	平　　面	0°	45°	90°	135°
淋浴器浴盆双把混合龙头（热水）	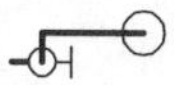				
淋浴器浴盆双把混合龙头	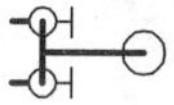				
双管成品淋浴器（热水）	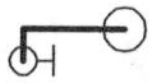				
双管成品淋浴器	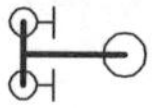				

名　　称	180°	225°	270°	315°	
淋浴器浴盆双把混合龙头（热水）					
淋浴器浴盆双把混合龙头					
双管成品淋浴器（热水）					
双管成品淋浴器					

名称	平面	0°	45°	90°	135°
阀门					
闸阀（标准）					
截止阀					
电动阀（标准）					
液动阀（标准）					
气动阀（标准）					
底阀（标准）			同“0°”	同“0°”	同“0°”
旋塞阀（标准）					

名　　称	180°	225°	270°	315°	
阀门					
闸阀（标准）					
截止阀					
电动阀（标准）					
液动阀（标准）					
气动阀（标准）					
底阀（标准）	同"0°"	同"0°"	同"0°"	同"0°"	
旋塞阀（标准）					

名　　　　称	平　　面	0°	45°	90°	135°
减压阀（标准）	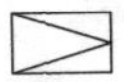	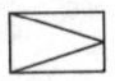	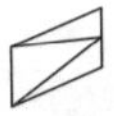		
弹簧减压阀组	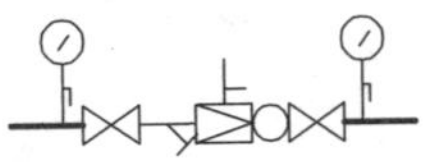	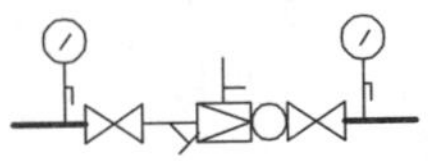	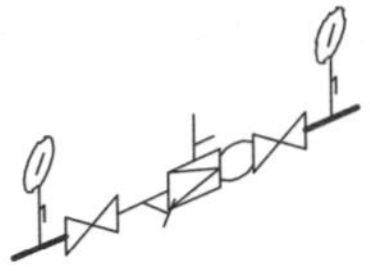	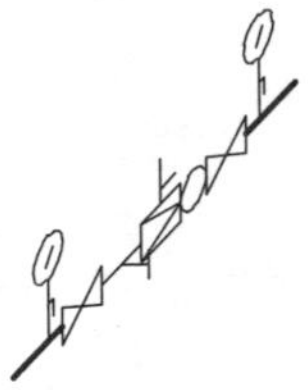	
比例减压阀组	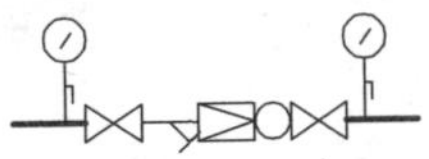		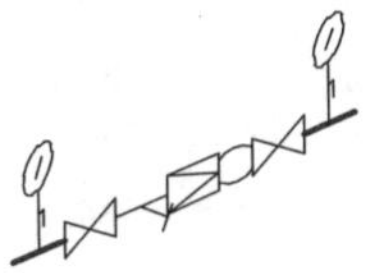		
球阀（标准）			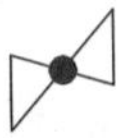		
隔膜阀（标准）	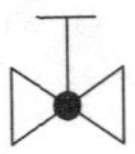	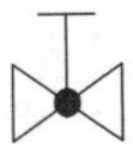	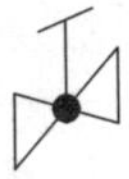		
气开隔膜阀（标准）	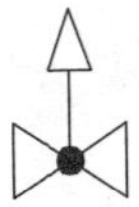	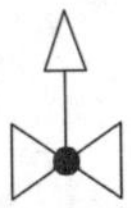	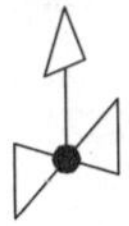	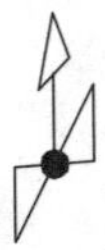	

名　　称	180°	225°	270°	315°	
减压阀（标准）					
弹簧减压阀组					
比例减压阀组					
球阀（标准）					
隔膜阀（标准）					
气开隔膜阀（标准）					

名　　称	平　面	0°	45°	90°	135°
气闭隔膜阀（标准）			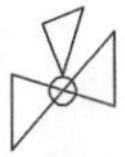	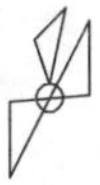	
温度调节阀（标准）					
压力调节阀（标准）					
电磁阀（标准）	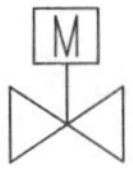 M	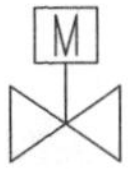 M	 M	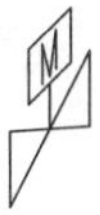 M	 M
止回阀（标准）			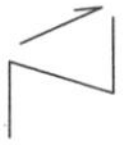		
消声止回阀（标准）					
蝶阀（标准）	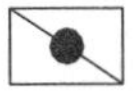	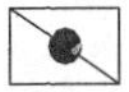	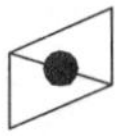		
电动蝶阀	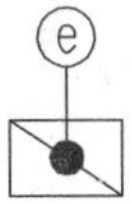 e	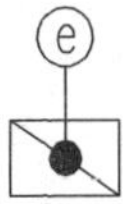 e	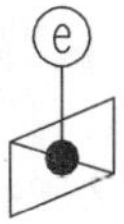 e	 e	 e

名　　称	180°	225°	270°	315°	
气闭隔膜阀（标准）					
温度调节阀（标准）					
压力调节阀（标准）					
电磁阀（标准）	M	M	M	M	
止回阀（标准）					
消声止回阀（标准）					
蝶阀（标准）					
电动蝶阀	e	e	e	e	

名　　　称	平　面	0°	45°	90°	135°
气动蝶阀	Ⓐ	Ⓐ	Ⓐ	Ⓐ	Ⓐ
液动蝶阀	Ⓛ	Ⓛ	Ⓛ	Ⓛ	Ⓛ
弹簧安全阀					
电动隔膜阀	ⓔ	ⓔ	ⓔ	ⓔ	ⓔ
持压阀	Ⓒ	Ⓒ	Ⓒ	Ⓒ	Ⓒ
泄压阀					
遥控信号阀（标准）					
Y型过滤器（标准）					

名　称	180°	225°	270°	315°	
气动蝶阀	A	A	A	A	
液动蝶阀	L	L	L	L	
弹簧安全阀					
电动隔膜阀	e	e	e	e	
持压阀	C	C	C	C	
泄压阀					
遥控信号阀（标准）					
Y型过滤器（标准）					

名　　称	平　面	0°	45°	90°	135°
单球橡胶软接头					
双球橡胶软接头					
带限位橡胶软接头					
波纹管					
内磁水处理器					
低压静电水处理器					
刚性防水套管					
柔性防水套管					

名　　　称	180°	225°	270°	315°	
单球橡胶软接头					
双球橡胶软接头					
带限位橡胶软接头					
波纹管					
内磁水处理器					
低压静电水处理器					
刚性防水套管					
柔性防水套管					

名　　称	平　面	0°	45°	90°	135°
温度计（标准）	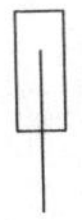		同"0°"	同"0°"	同"0°"
自动排气阀（标准）			同"0°"	同"0°"	同"0°"
水表（标准）			同"0°"	同"0°"	同"0°"
压力表（标准）	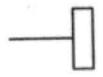		同"0°"	同"0°"	同"0°"
电接点压力表	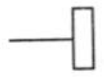		同"0°"	同"0°"	同"0°"
真空表	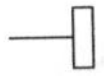		同"0°"	同"0°"	同"0°"
疏水器（标准）			同"0°"	同"0°"	同"0°"
倒流防止器					

名　　称	180°	225°	270°	315°	
温度计（标准）	同“0°”	同“0°”	同“0°”	同“0°”	
自动排气阀（标准）	同“0°”	同“0°”	同“0°”	同“0°”	
水表（标准）	同“0°”	同“0°”	同“0°”	同“0°”	
压力表（标准）	同“0°”	同“0°”	同“0°”	同“0°”	
压力表	同“0°”	同“0°”	同“0°”	同“0°”	
真空表	同“0°”	同“0°”	同“0°”	同“0°”	
疏水器（标准）	同“0°”	同“0°”	同“0°”	同“0°”	
倒流防止器					

名　　称	平　面	0°	45°	90°	135°
倒流防止器阀组					

名　　　　称	180°	225°	270°	315°	
倒流防止器阀组					

名　　称	平　　面	0°	45°	90°	135°
S型存水弯					
P型存水弯					

名　　　　称	180°	225°	270°	315°	
S型存水弯					
P型存水弯					

名称	平面	0°	45°	90°	135°
屋面雨水斗			同“0°”	同“0°”	同“0°”
锥形排水漏斗					
矩形排水漏斗					
立管检查口（标准）			同“0°”	同“0°”	同“0°”
立管检查口			同“0°”	同“0°”	同“0°”
球形伸顶通气帽（标准）			同“0°”	同“0°”	同“0°”
球形伸顶通气帽			同“0°”	同“0°”	同“0°”
伞形伸顶通气帽			同“0°”	同“0°”	同“0°”

名　　称	180°	225°	270°	315°	
屋面雨水斗	同“0°”	同“0°”	同“0°”	同“0°”	
锥形排水漏斗					
矩形排水漏斗					
立管检查口（标准）	同“0°”	同“0°”	同“0°”	同“0°”	
立管检查口	同“0°”	同“0°”	同“0°”	同“0°”	
球形伸顶通气帽（标准）	同“0°”	同“0°”	同“0°”	同“0°”	
球形伸顶通气帽	同“0°”	同“0°”	同“0°”	同“0°”	
伞形伸顶通气帽	同“0°”	同“0°”	同“0°”	同“0°”	

名　　称	平　面	0°	45°	90°	135°
蘑菇形伸顶通气帽			同"0°"	同"0°"	同"0°"
倒锥形伸顶通气帽			同"0°"	同"0°"	同"0°"
侧墙式平板形通气帽					
侧墙式蘑菇形通气帽					
出墙线（无套管）					
出墙线（有套管）					
排水检查井					
毛发聚集器（标准）					

名　　称	180°	225°	270°	315°	
蘑菇形伸顶通气帽	同"0°"	同"0°"	同"0°"	同"0°"	
倒锥形伸顶通气帽	同"0°"	同"0°"	同"0°"	同"0°"	
侧墙式平板形通气帽					
侧墙式蘑菇形通气帽					
出墙线（无套管）					
出墙线（有套管）					
排水检查井					
毛发聚集器（管道式）					

名　　称	平　面	0°	45°	90°	135°
毛发聚集器（管道式）					
毛发聚集器（埋地式）					
防虫网罩			同“0°”	同“0°”	同“0°”

名　　称	180°	225°	270°	315°	
毛发聚集器（埋地式）	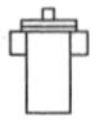	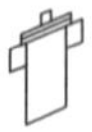			
毛发聚集器（埋地式）	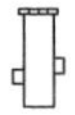	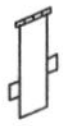			
防虫网罩	同“0°”	同“0°”	同“0°”	同“0°”	

名称	平面	0°	45°	90°	135°
单口室内消火栓（标准）					
单阀单栓消火栓			同"0°"	同"0°"	同"0°"
双口室内消火栓（标准）					
双阀双栓消火栓					
消防卷盘			同"0°"	同"0°"	同"0°"
单阀单栓消火栓附消防卷盘					
双阀双栓消火栓附消防卷盘					
减压孔板（标准）					

名　称	180°	225°	270°	315°	
单口室内消火栓（标准）					
单阀单栓消火栓	同“0°”	同“0°”	同“0°”	同“0°”	
双口室内消火栓（标准）					
双阀双栓消火栓					
消防卷盘	同“0°”	同“0°”	同“0°”	同“0°”	
单阀单栓消火栓附消防卷盘					
双阀双栓消火栓附消防卷盘					
减压孔板（标准）					

名　　称	平　面	0°	45°	90°	135°
直立型闭式喷头（标准）					
下垂型闭式喷头（标准）					
上下喷闭式喷头（标准）					
直立型开式喷头					
下垂型开式喷头（标准）					
水喷雾喷头					
边墙型自动喷头（标准）					
边墙型喷头（标准）					

名　　称	180°	225°	270°	315°	
直立型闭式喷头（标准）					
下垂型闭式喷头（标准）					
上下喷闭式喷头（标准）					
直立型开式喷头					
下垂型开式喷头（标准）					
水喷雾喷头					
边墙型自动喷头（标准）					
边墙型喷头（标准）					

名　　称	平　面	0°	45°	90°	135°
边墙型开式喷头					
边墙型闭式喷头					
直立型水幕喷头			同"0°"	同"0°"	同"0°"
下垂型水幕喷头			同"0°"	同"0°"	同"0°"
边墙型水幕喷头			同"0°"	同"0°"	同"0°"
湿式报警阀（标准）			同"0°"	同"0°"	同"0°"
湿式报警阀组（前为遥控信号阀）（标准）			同"0°"	同"0°"	同"0°"
湿式报警阀组		T	同"0°"	同"0°"	同"0°"

名　　称	180°	225°	270°	315°	
边墙型开式喷头					
边墙型闭式喷头		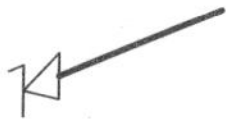			
直立型水幕喷头	同“0°”	同“0°”	同“0°”	同“0°”	
下垂型水幕喷头	同“0°”	同“0°”	同“0°”	同“0°”	
边墙型水幕喷头	同“0°”	同“0°”	同“0°”	同“0°”	
湿式报警阀（标准）	同“0°”	同“0°”	同“0°”	同“0°”	
湿式报警阀组（前为遥控信号阀）（标准）	同“0°”	同“0°”	同“0°”	同“0°”	
湿式报警阀组	同“0°”	同“0°”	同“0°”	同“0°”	

名称	平面	0°	45°	90°	135°
干式报警阀（标准）	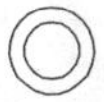	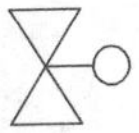	同"0°"	同"0°"	同"0°"
干式报警阀组（前为遥控信号阀）（标准）	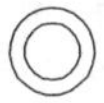	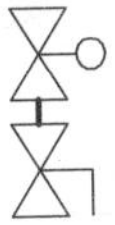	同"0°"	同"0°"	同"0°"
干式报警阀组	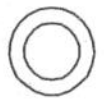	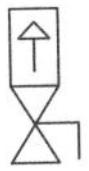	同"0°"	同"0°"	同"0°"
预作用报警阀（标准）			同"0°"	同"0°"	同"0°"
预作用报警阀组（前为遥控信号阀）（标准）			同"0°"	同"0°"	同"0°"
预作用报警阀组			同"0°"	同"0°"	同"0°"
雨淋阀（标准）		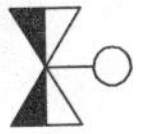	同"0°"	同"0°"	同"0°"
雨淋阀组（前为遥控信号阀）（标准）			同"0°"	同"0°"	同"0°"

名　　　　称	180°	225°	270°	315°	
干式报警阀（标准）	同"0°"	同"0°"	同"0°"	同"0°"	
干式报警阀组（前为遥控信号阀）（标准）	同"0°"	同"0°"	同"0°"	同"0°"	
干式报警阀组	同"0°"	同"0°"	同"0°"	同"0°"	
预作用报警阀（标准）	同"0°"	同"0°"	同"0°"	同"0°"	
预作用报警阀组（前为遥控信号阀）（标准）	同"0°"	同"0°"	同"0°"	同"0°"	
预作用报警阀组	同"0°"	同"0°"	同"0°"	同"0°"	
雨淋阀（标准）	同"0°"	同"0°"	同"0°"	同"0°"	
雨淋阀组（前为遥控信号阀）（标准）	同"0°"	同"0°"	同"0°"	同"0°"	

名称	平面	0°	45°	90°	135°
雨淋阀组		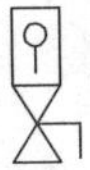	同"0°"	同"0°"	同"0°"
水流指示器（标准）	 L	 L	同"0°"	同"0°"	同"0°"
水流指示器	 L	 L	同"0°"	同"0°"	同"0°"
水泵接合器（标准）	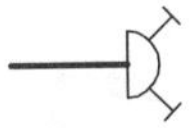	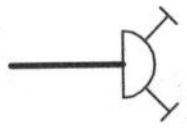	同"0°"	同"0°"	同"0°"
水泵接合器	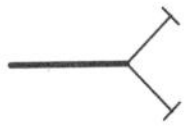	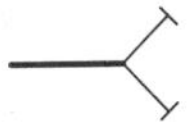	同"0°"	同"0°"	同"0°"
室外消火栓	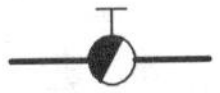	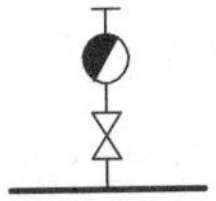	同"0°"	同"0°"	同"0°"

名　　称	180°	225°	270°	315°	
雨淋阀组	同“0°”	同“0°”	同“0°”	同“0°”	
水流指示器（标准）	同“0°”	同“0°”	同“0°”	同“0°”	
水流指示器	同“0°”	同“0°”	同“0°”	同“0°”	
水泵接合器（标准）	同“0°”	同“0°”	同“0°”	同“0°”	
水泵接合器	同“0°”	同“0°”	同“0°”	同“0°”	
室外消火栓	同“0°”	同“0°”	同“0°”	同“0°”	

名称	平面	名称	平面	名称	平面
3L手提式清水灭火器	MS/Q3 MS/T3	2kg手提式碳酸氢钠	MF2	2kg手提式磷酸铵盐	MF/ABC2
6L手提式清水灭火器	MS/Q6 MS/T6	3kg手提式碳酸氢钠	MF3	3kg手提式磷酸铵盐	MF/ABC3
9L手提式清水灭火器	MS/Q9 MS/T9	4kg手提式碳酸氢钠	MF4	4kg手提式磷酸铵盐	MF/ABC4
3L手提式泡沫灭火器	MP3 MP/AR3	5kg手提式碳酸氢钠	MF5	5kg手提式磷酸铵盐	MF/ABC5
4L手提式泡沫灭火器	MP4 MP/AR4	6kg手提式碳酸氢钠	MF6	6kg手提式磷酸铵盐	MF/ABC6
6L手提式泡沫灭火器	MP6 MP/AR6	8kg手提式碳酸氢钠	MF8	8kg手提式磷酸铵盐	MF/ABC8
9L手提式泡沫灭火器	MP9 MP/AR9	10kg手提式碳酸氢钠	MF10	10kg手提式磷酸铵盐	MF/ABC10
1kg手提式碳酸氢钠	MF1	1kg手提式磷酸铵盐	MF/ABC1	1kg手提式卤代烷	MY1

名称	平面	名称	平面	名称	平面
2kg手提式卤代烷	MY2	20kg推车式清水灭火器	MST20	20kg推车式碳酸氢钠	MFT20
3kg手提式卤代烷	MY3	45kg推车式清水灭火器	MST40	50kg推车式碳酸氢钠	MFT50
4kg手提式卤代烷	MY4	60kg推车式清水灭火器	MST60	100kg推车式碳酸氢钠	MFT100
6kg手提式卤代烷	MY6	125L推车式清水灭火器	MST125	125kg推车式碳酸氢钠	MFT125
2kg手提式二氧化碳	MT2	20L推车式泡沫灭火器	MPT20 MPT/AR20	20kg推车式磷酸铵盐	MFT/ABC20
3kg手提式二氧化碳	MT3	45L推车式泡沫灭火器	MPT40 MPT/AR40	50kg推车式磷酸铵盐	MFT/ABC50
5kg手提式二氧化碳	MT5	60L推车式泡沫灭火器	MPT60 MPT/AR60	100kg推车式磷酸铵盐	MFT/ABC100
7kg手提式二氧化碳	MT7	125L推车式泡沫灭火器	MPT125 MPT/AR125	125kg推车式磷酸铵盐	MFT/ABC125

名　　称	平　　面	名　　称	平　　面	名　　称	平　　面
10kg推车式卤代烷	MYT10				
20kg推车式卤代烷	MYT20				
30kg推车式卤代烷	MYT30				
50kg推车式卤代烷	MYT50				
10kg推车式二氧化碳	MTT10				
20kg推车式二氧化碳	MTT20				
30kg推车式二氧化碳	MTT30				
50kg推车式二氧化碳	MTT50				

下进上出立式多级泵　无减振

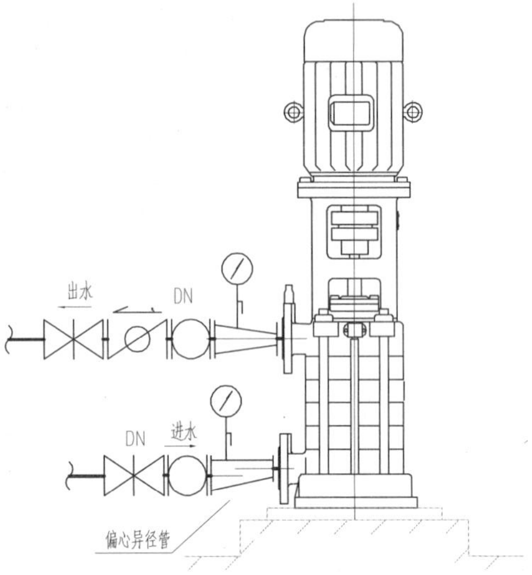

出水
DN
DN
进水
偏心异径管

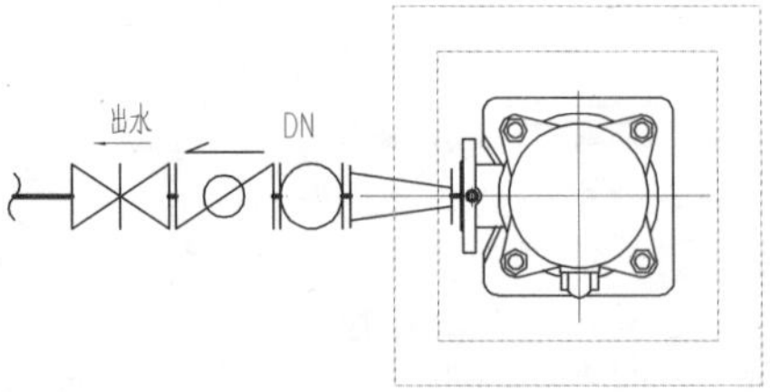

出水
DN

下进上出立式多级泵　无减振

DN
出水
进水
DN
偏心异径管

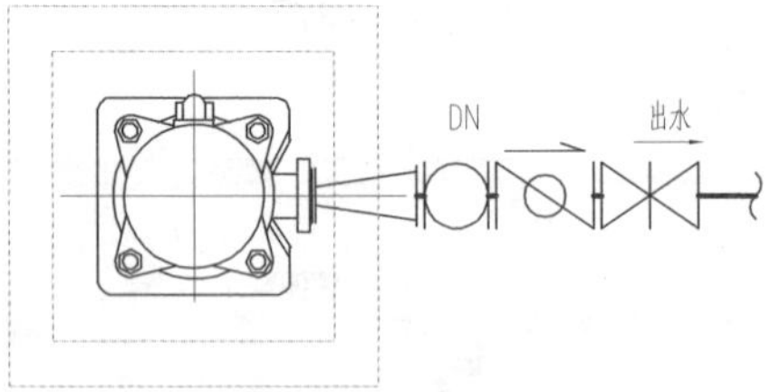

DN
出水

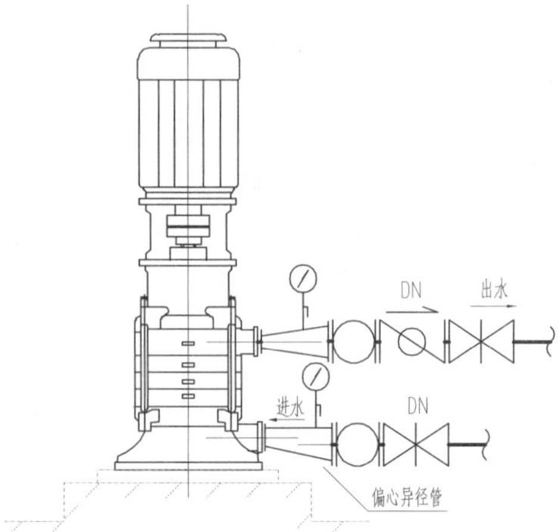

下进上出立式多级泵　有减振

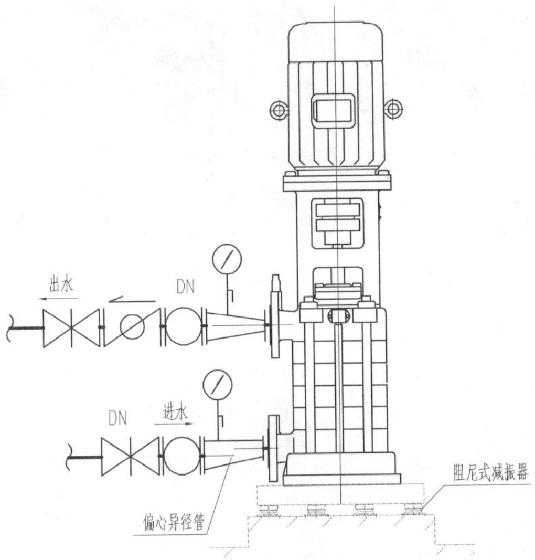

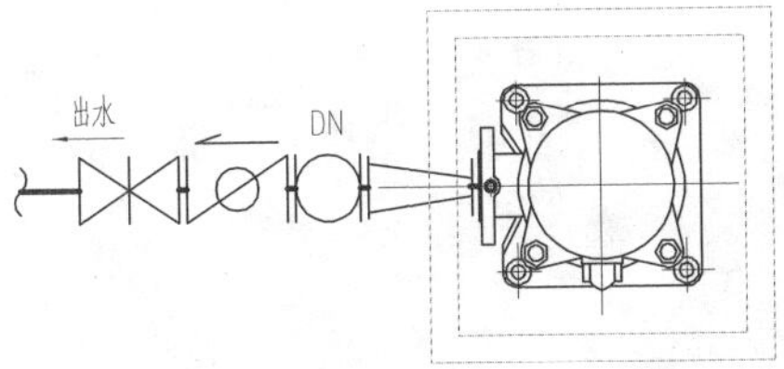

下进上出立式多级泵　有减振

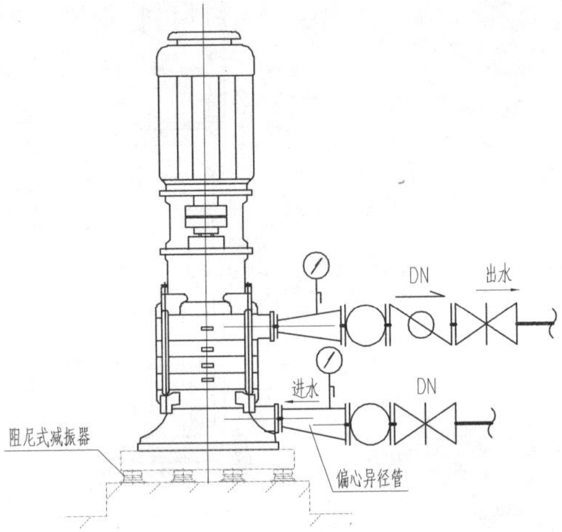

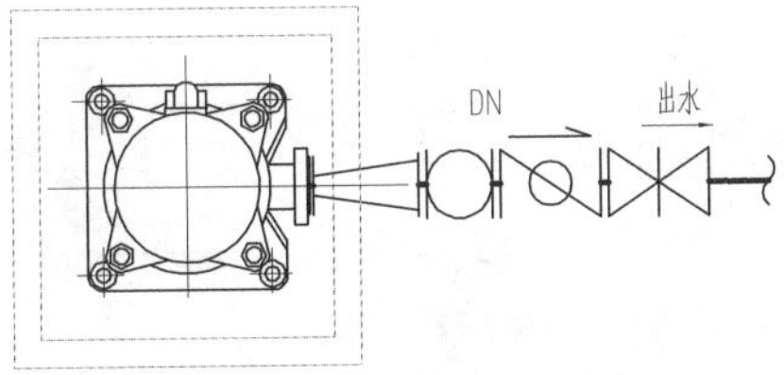

上进上出立式多级泵 无减振

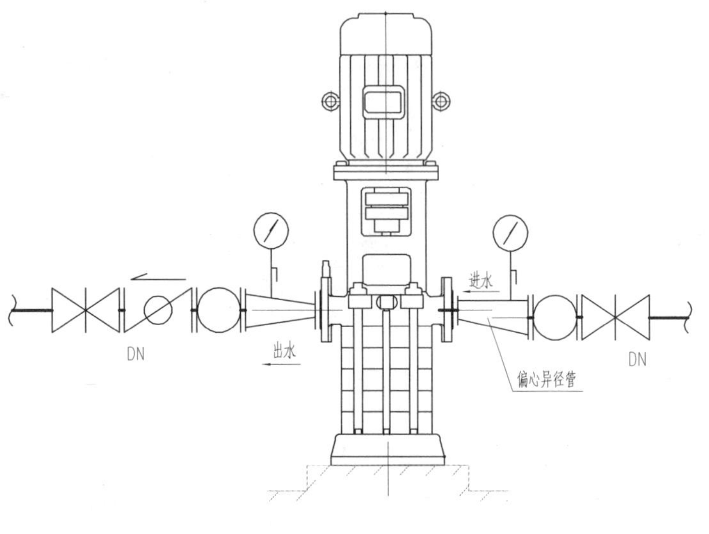

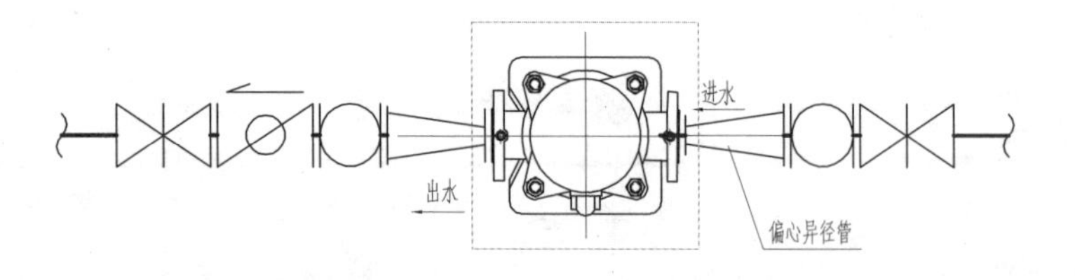

下进上出立式多级泵 无减振

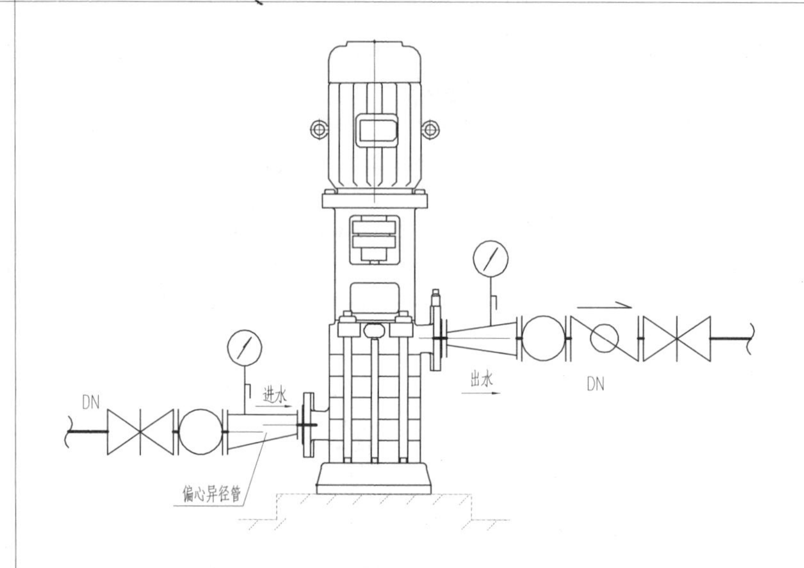

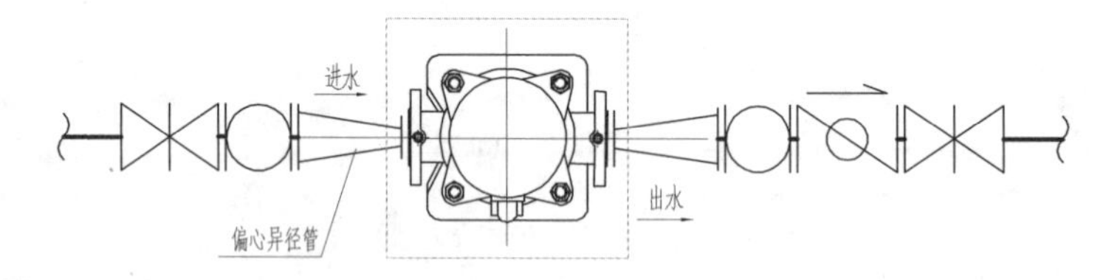

上进上出立式多级泵 有减振

进水
出水
DN
DN
偏心异径管
阻尼式减振器

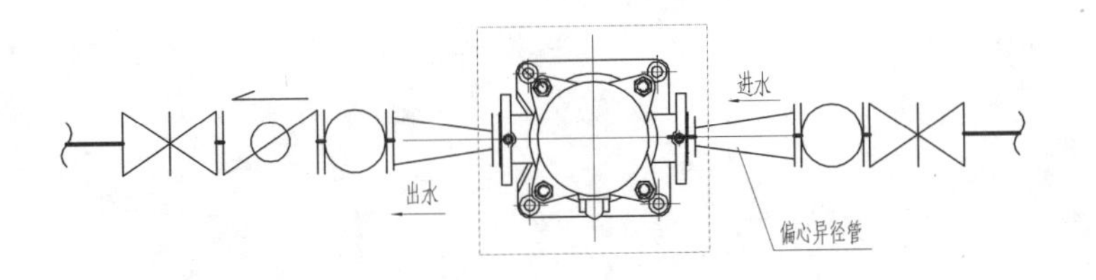

下进上出立式多级泵 有减振

进水
进水
出水
DN
DN
偏心异径管
阻尼式减振器

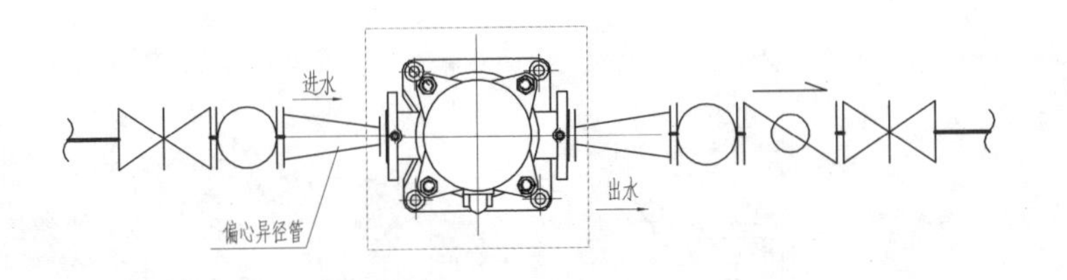

下进上出立式多级泵

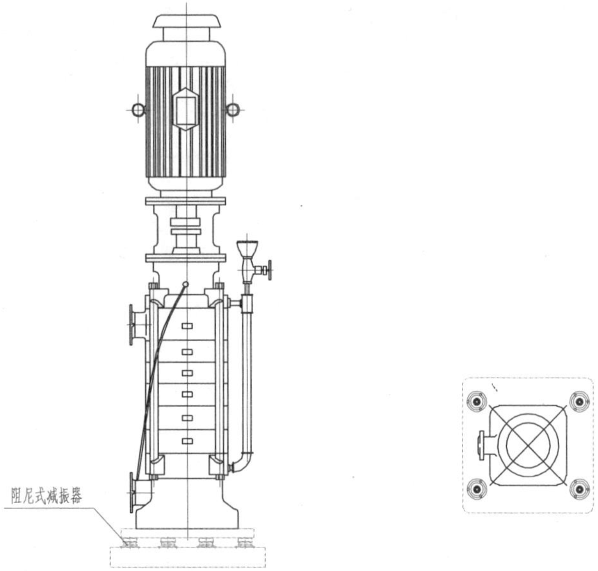

阻尼式减振器

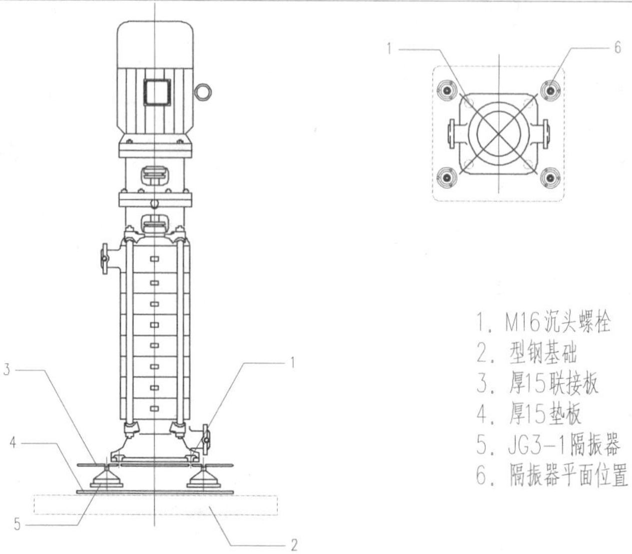

1. M16沉头螺栓
2. 型钢基础
3. 厚15联接板
4. 厚15垫板
5. JG3-1隔振器
6. 隔振器平面位置

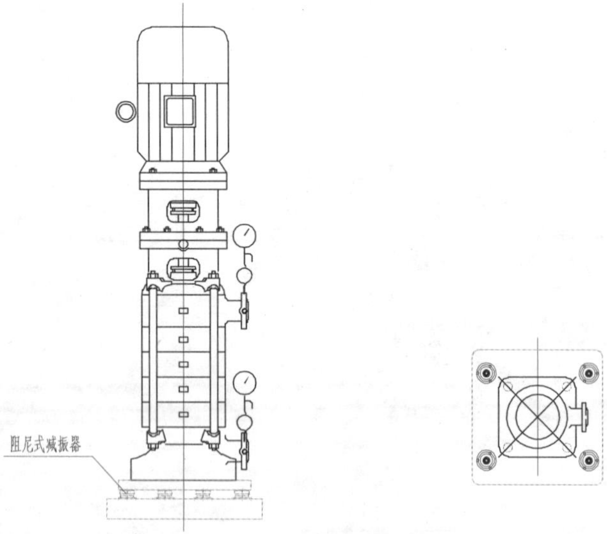

阻尼式减振器

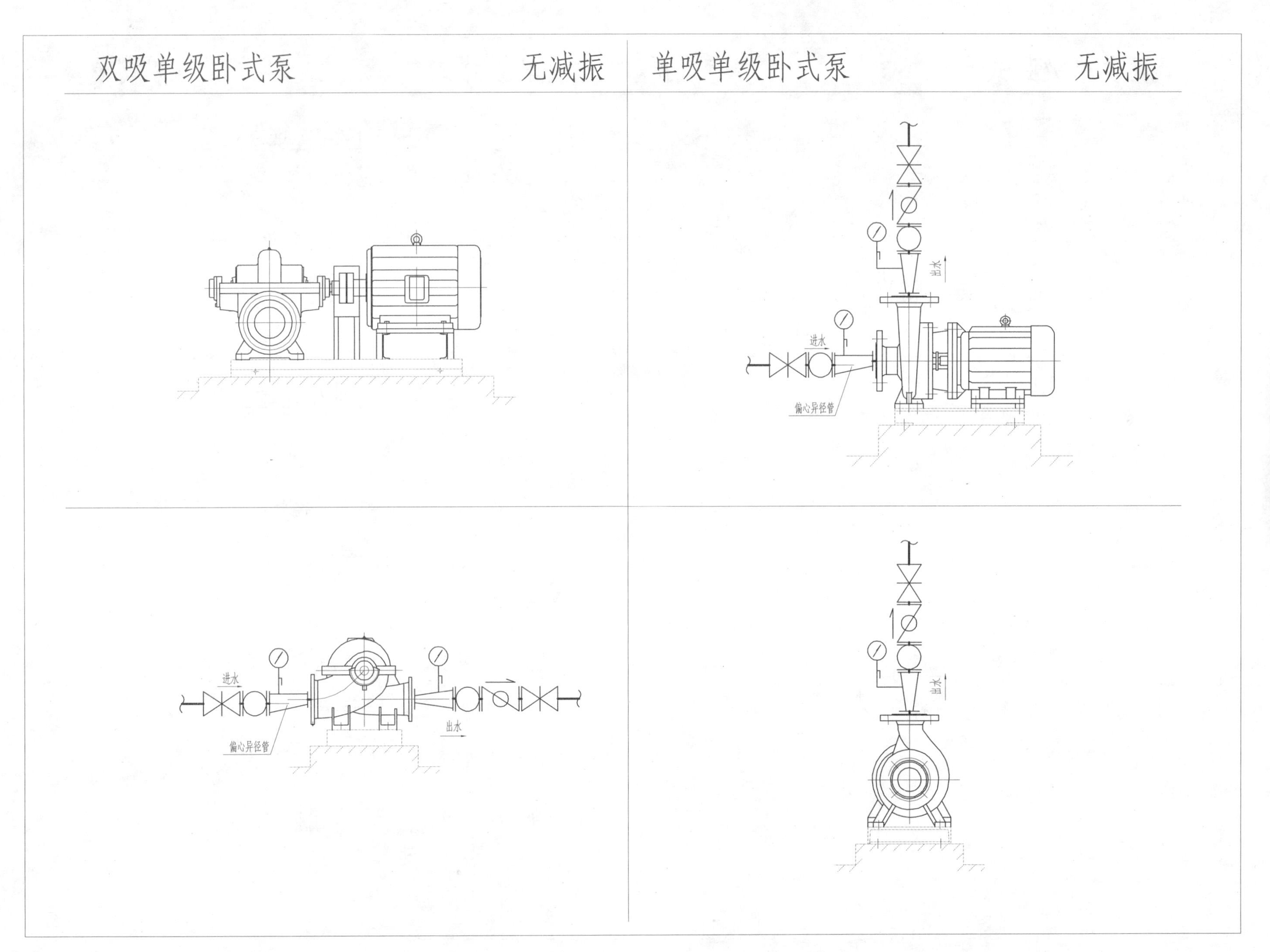
双吸单级卧式泵
无减振
单吸单级卧式泵
无减振
进水
出水
偏心异径管
进水
出水
偏心异径管
出水

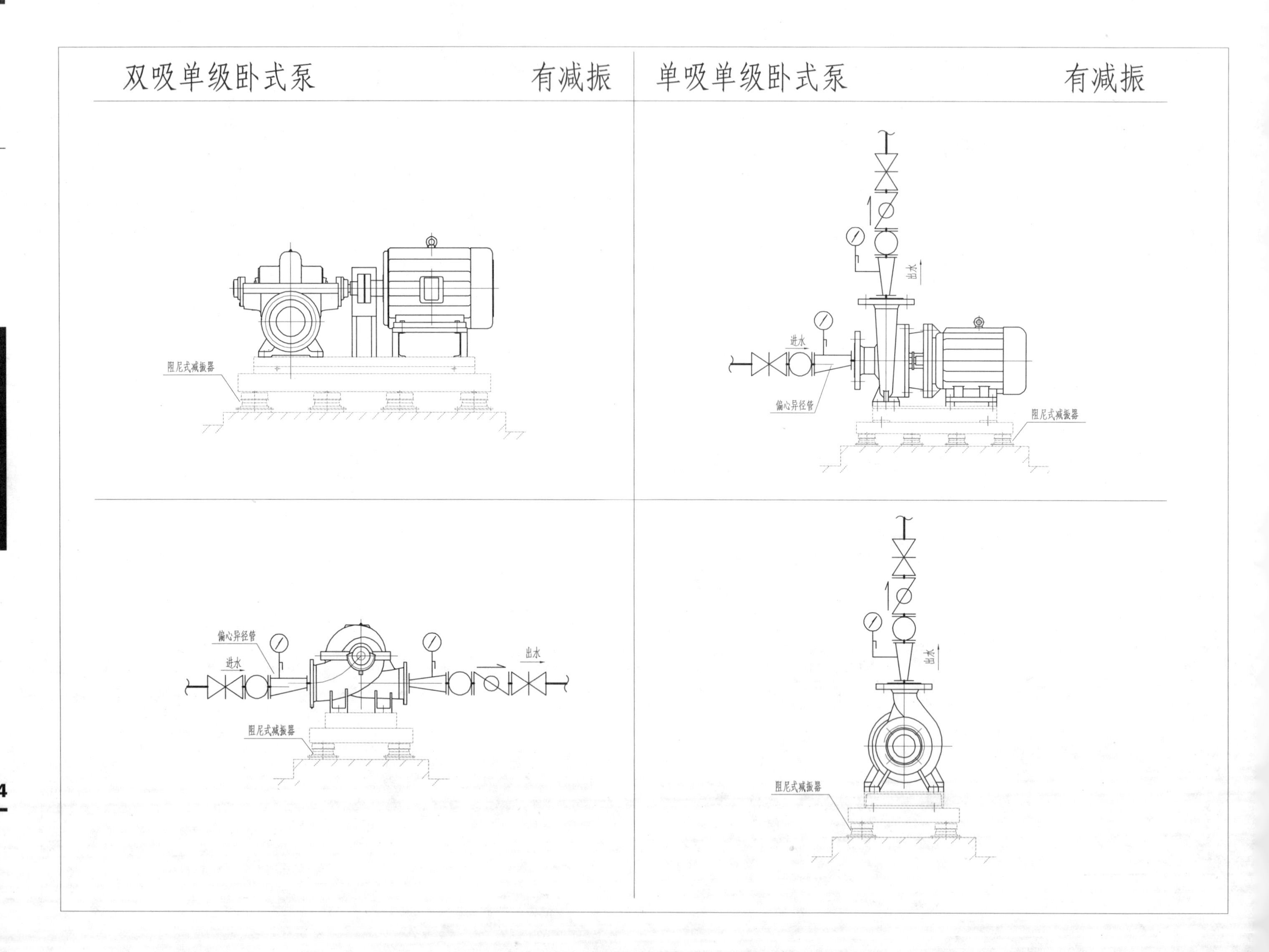
双吸单级卧式泵 有减振
单吸单级卧式泵 有减振
阻尼式减振器
出水
进水
偏心异径管
阻尼式减振器
偏心异径管
进水
出水
阻尼式减振器
出水
阻尼式减振器

单吸多级卧式泵 无减振	单吸单级卧式泵 无减振

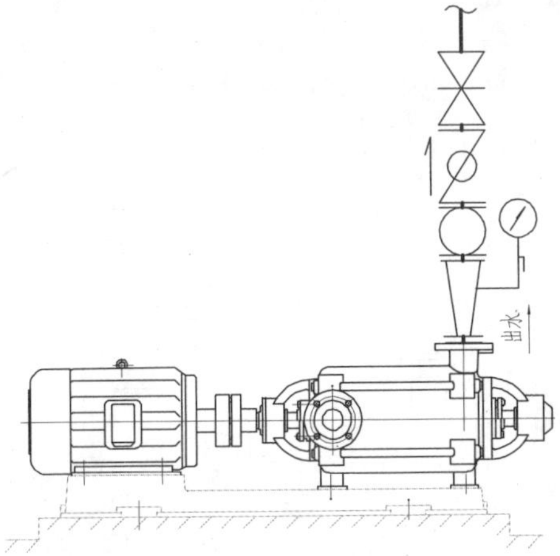

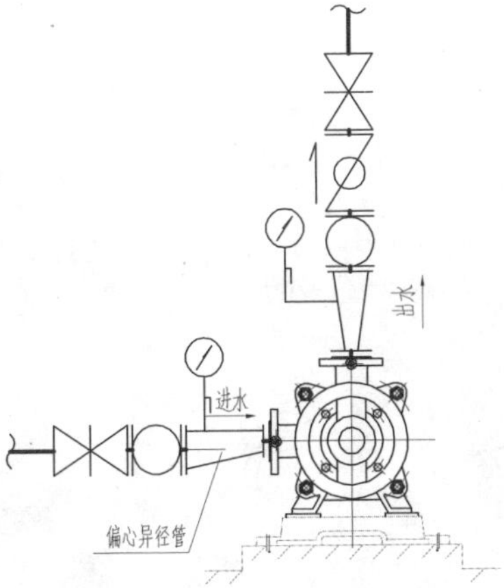

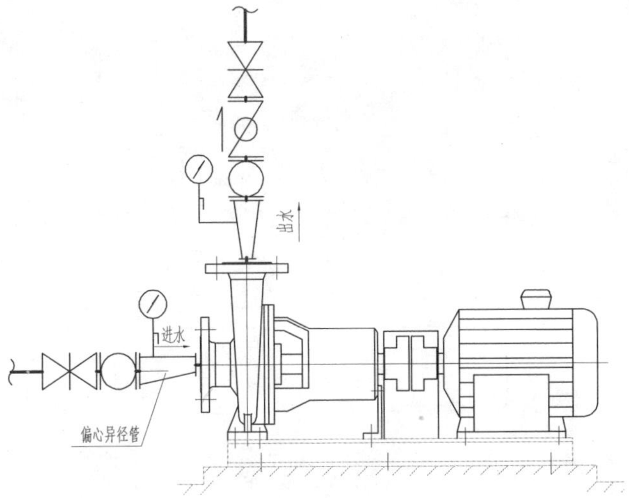

出水

进水

偏心异径管

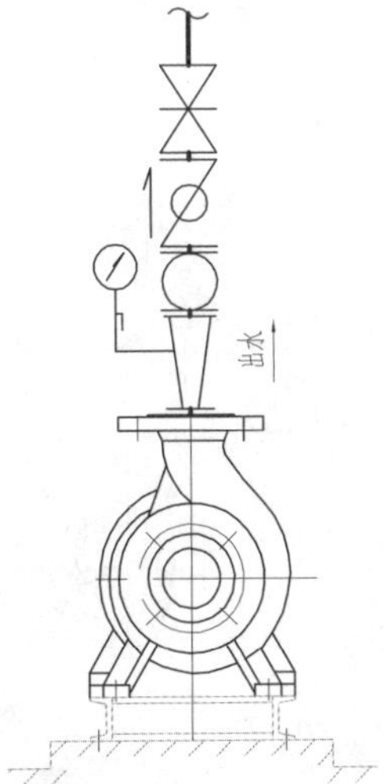

出水

进水

偏心异径管

出水

出水

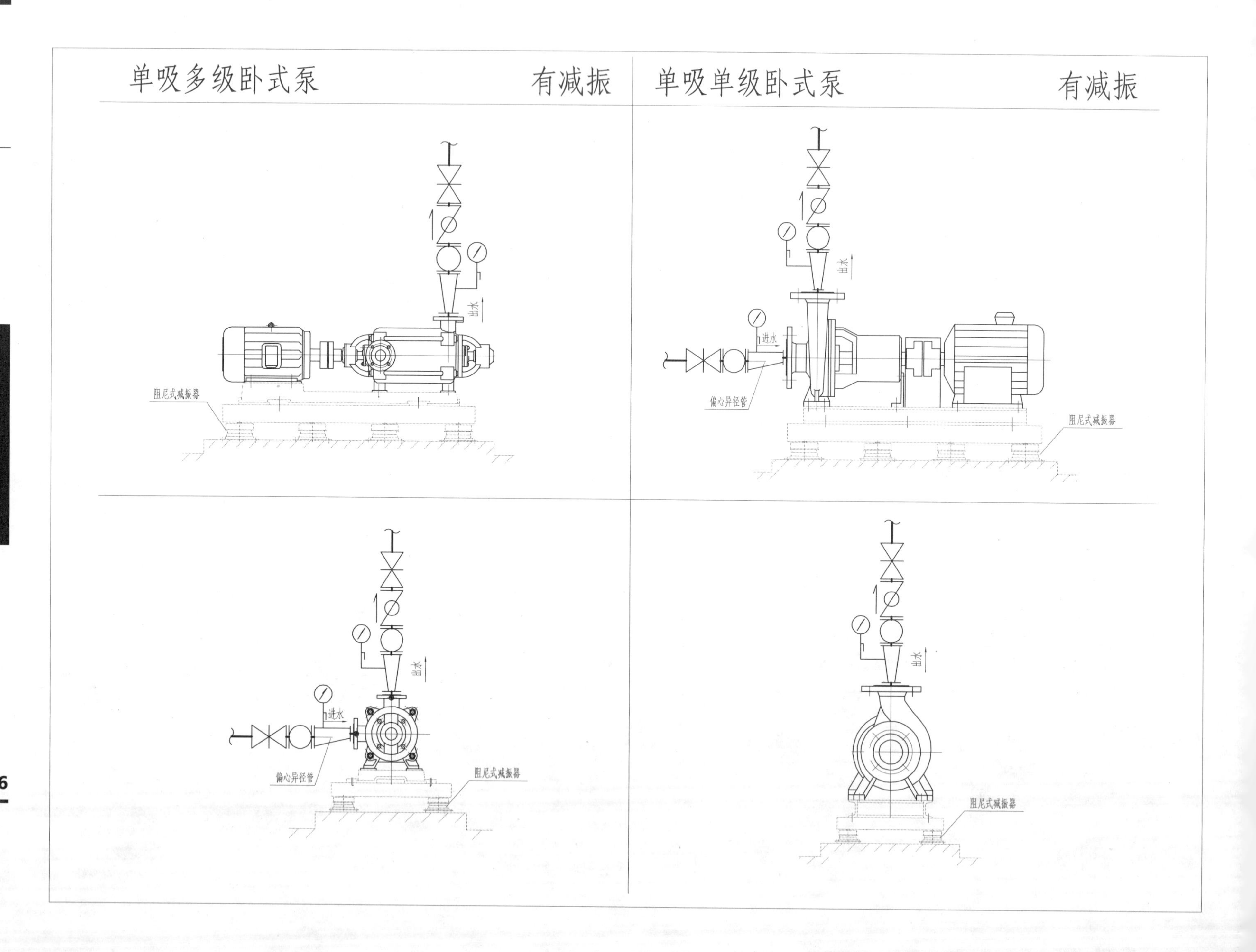
单吸多级卧式泵
有减振
单吸单级卧式泵
有减振
出水
阻尼式减振器
进水
偏心异径管
出水
阻尼式减振器
出水
进水
偏心异径管
阻尼式减振器
出水
阻尼式减振器

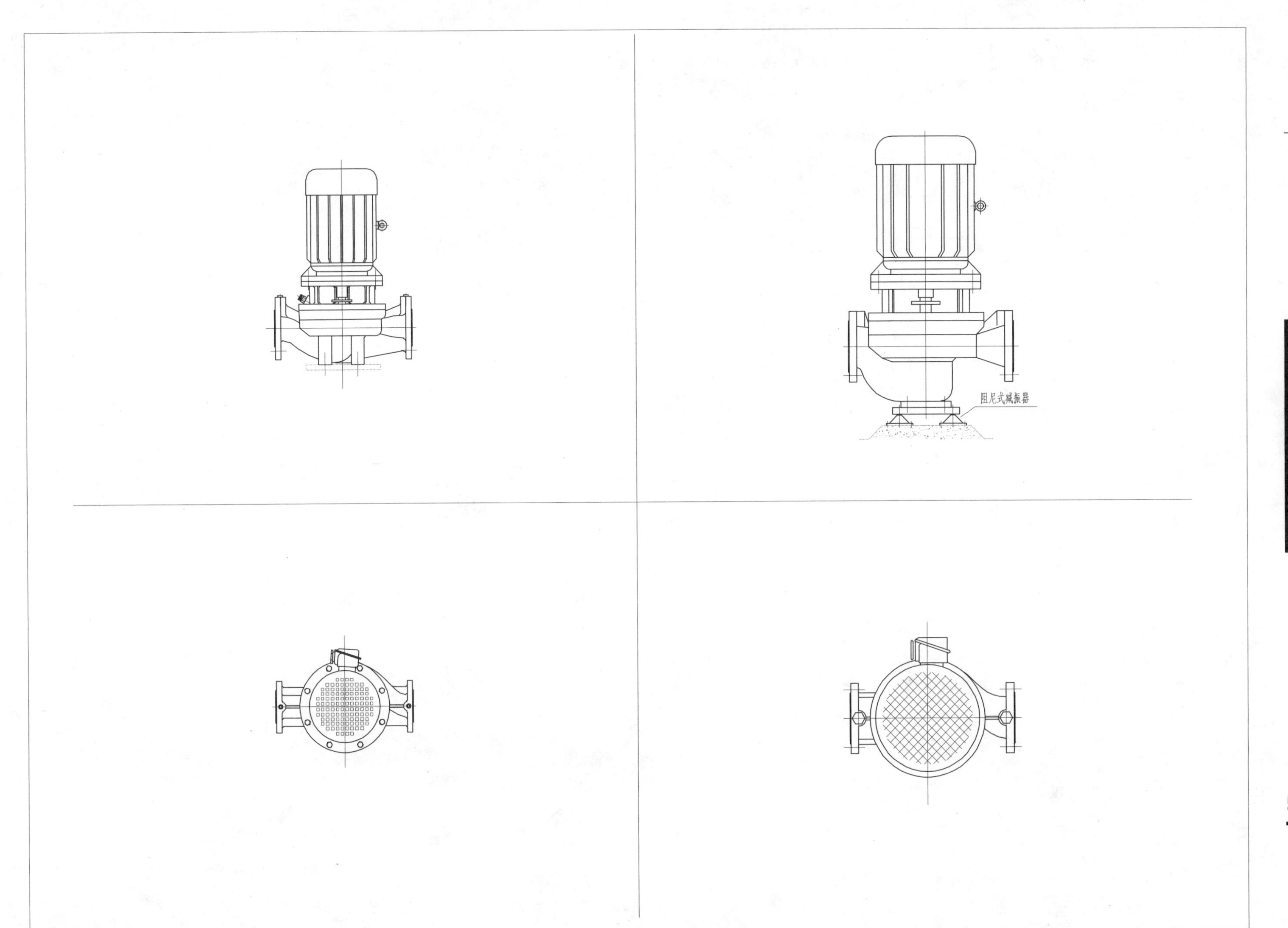
阻尼式减振器

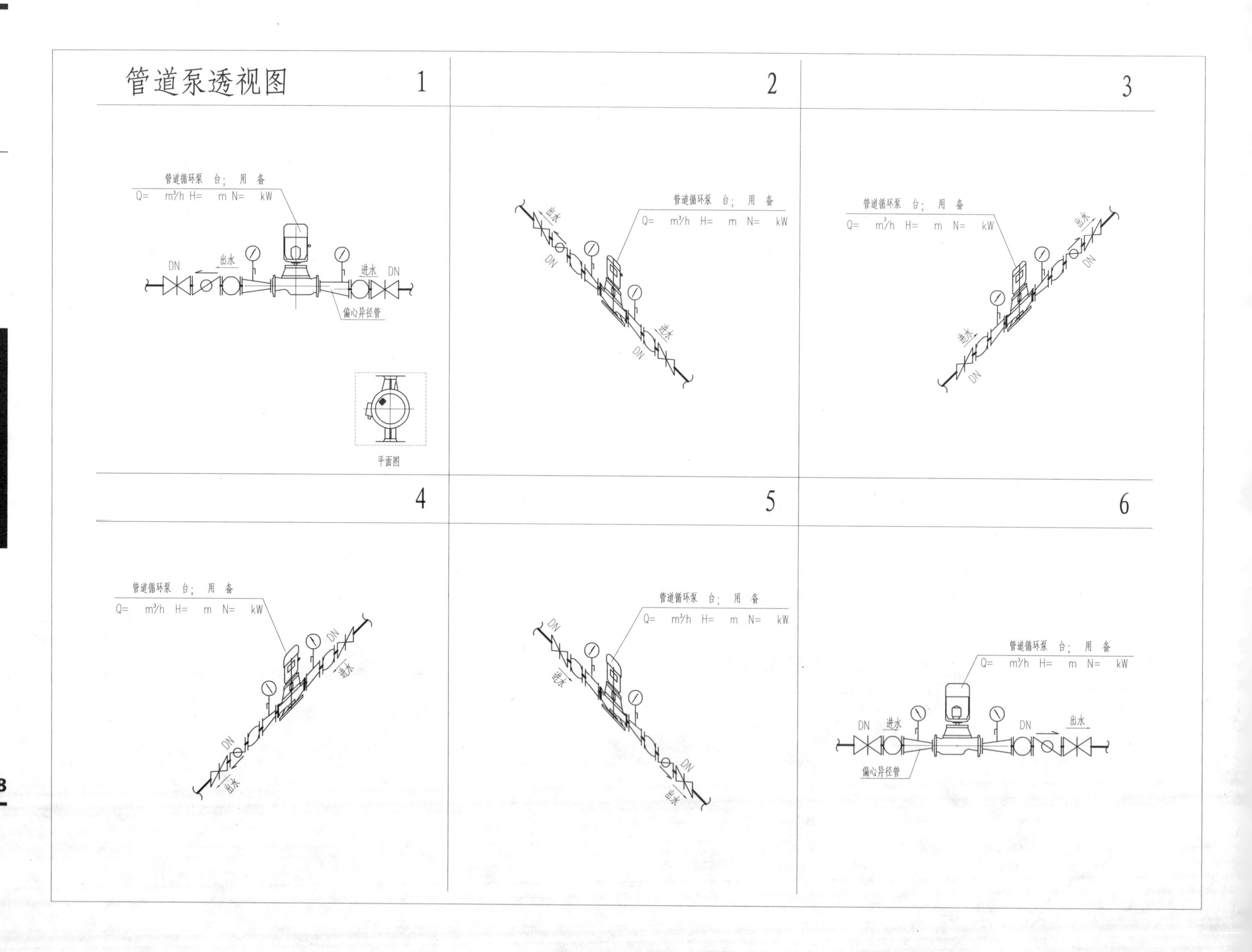
管道泵透视图
1
2
3
4
5
6
管道循环泵 台; 用 备
Q= m³/h H= m N= kW
DN
出水
进水
偏心异径管
平面图

潜污泵

自动耦合式安装

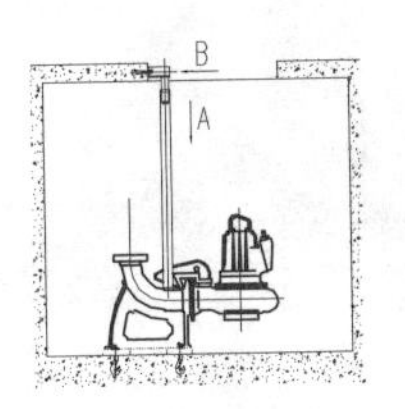

B 向

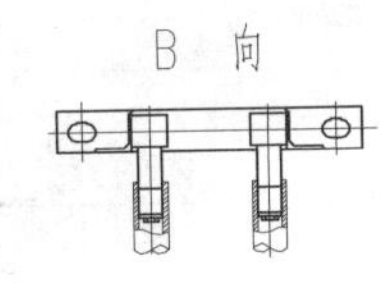

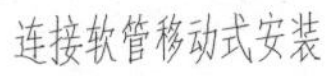

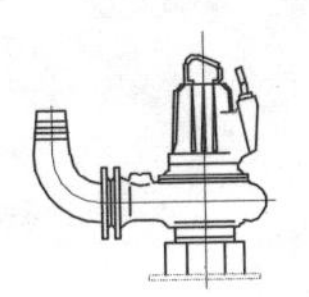

A 向

连接硬管移动式安装

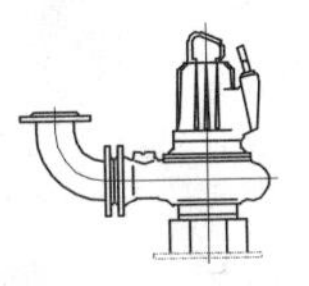

弯管悬吊式安装

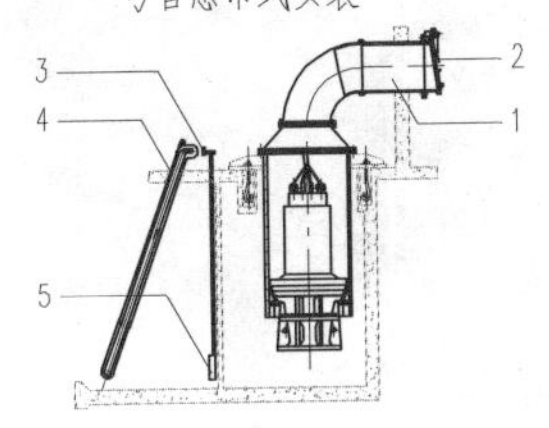

井筒悬吊式安装

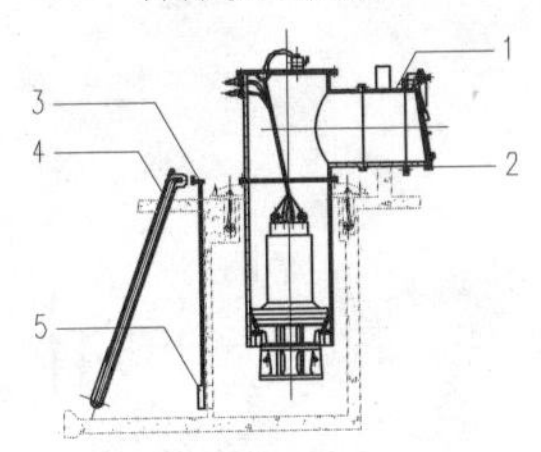

混凝土预制井筒式安装

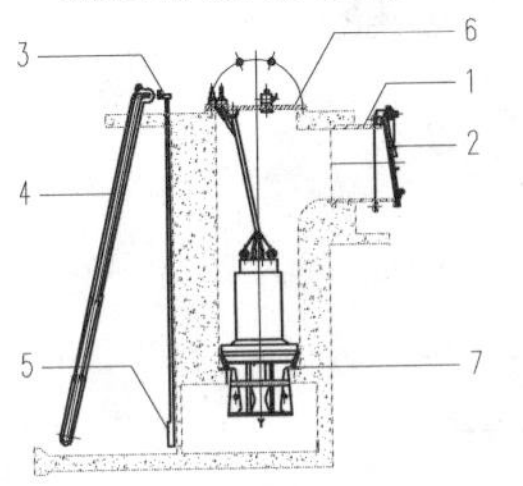

1. 穿墙管
2. 浮箱拍门
3. 启闭机
4. 拦污栅
5. 矩形闸门
6. 盖板
7. 支承座

自动耦合式安装

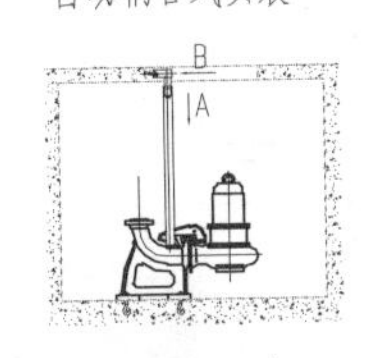

B 向

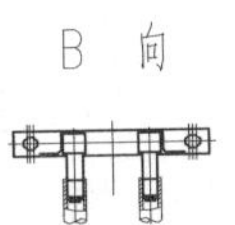

连接软管移动式安装

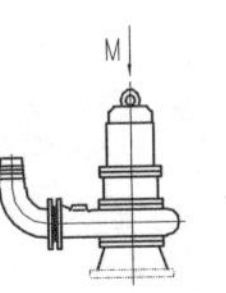

A 向

连接硬管移动式安装

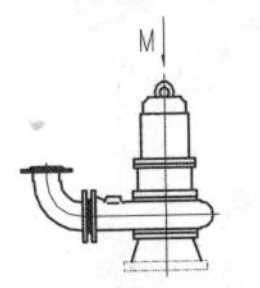

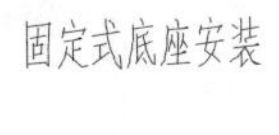

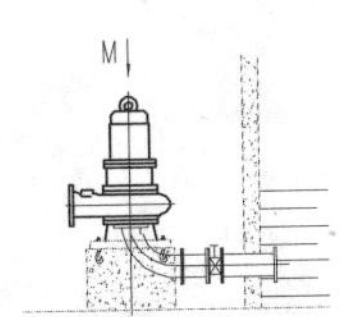

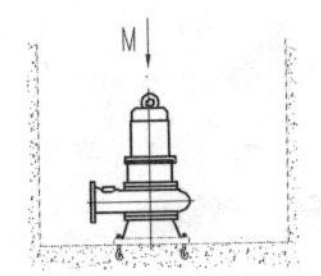

M 向

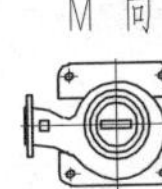

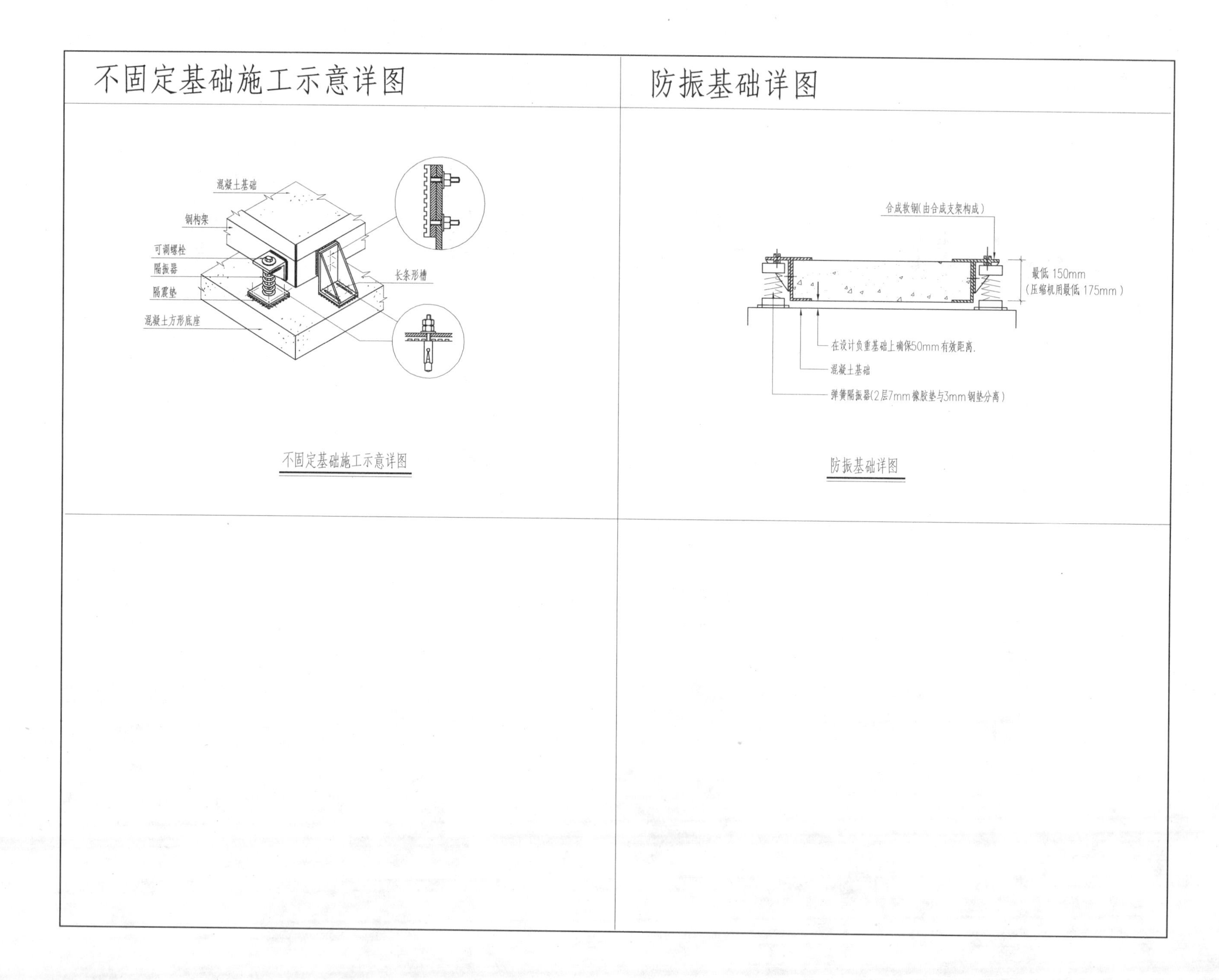
不固定基础施工示意详图
混凝土基础
钢构架
可调螺栓
隔振器
隔震垫
混凝土方形底座
长条形槽
不固定基础施工示意详图
防振基础详图
合成软钢(由合成支架构成)
最低 150mm
(压缩机用最低 175mm)
在设计负重基础上确保50mm有效距离.
混凝土基础
弹簧隔振器(2层7mm橡胶垫与3mm钢垫分离)
防振基础详图

1 给水提升泵相关管线原理图

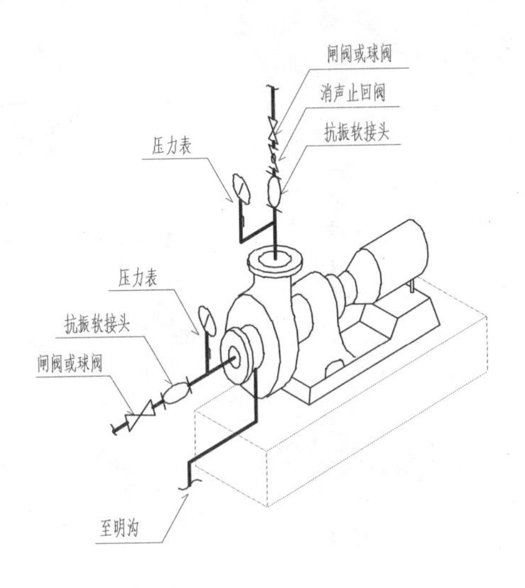

(i) 闸阀,球阀,止回阀及抗振软接头尺寸与管线管径相同.

2 给水提升泵相关管线原理图

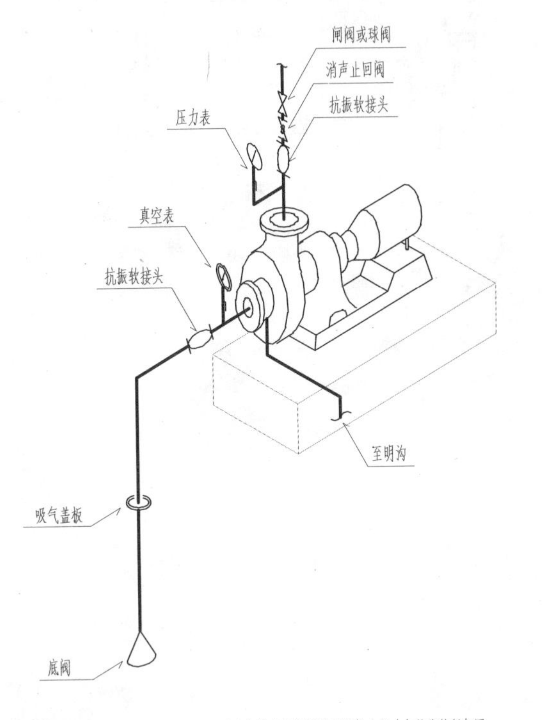

(i) 闸阀,球阀,止回阀及抗振软接头尺寸与管线管径相同.

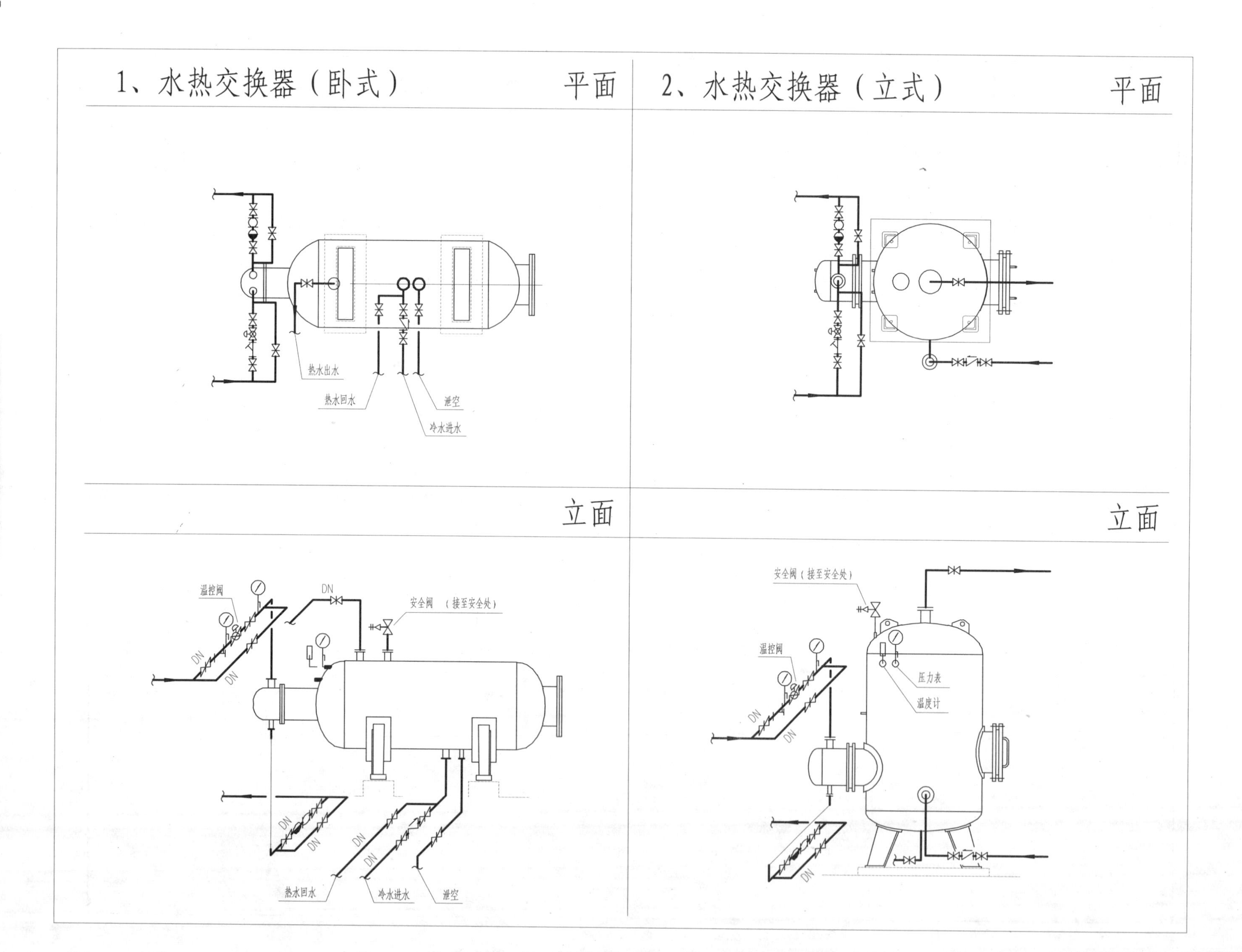
1、水热交换器（卧式）
平面
热水出水
热水回水
泄空
冷水进水
立面
温控阀
DN
安全阀 （接至安全处）
DN
热水回水
冷水进水
泄空
2、水热交换器（立式）
平面
立面
安全阀（接至安全处）
温控阀
压力表
温度计
DN

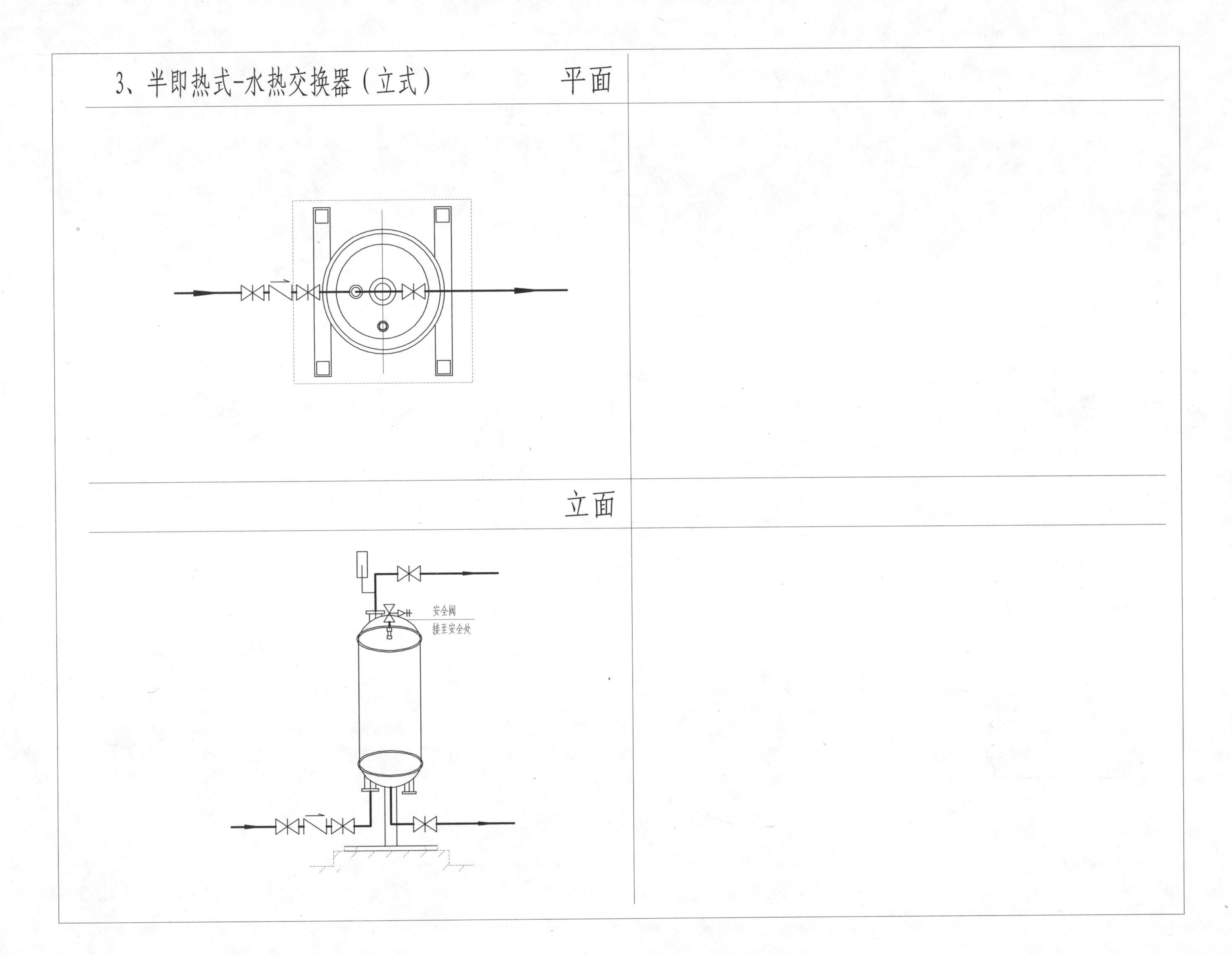
3、半即热式-水热交换器（立式）
平面
立面
安全阀
接至安全处

1

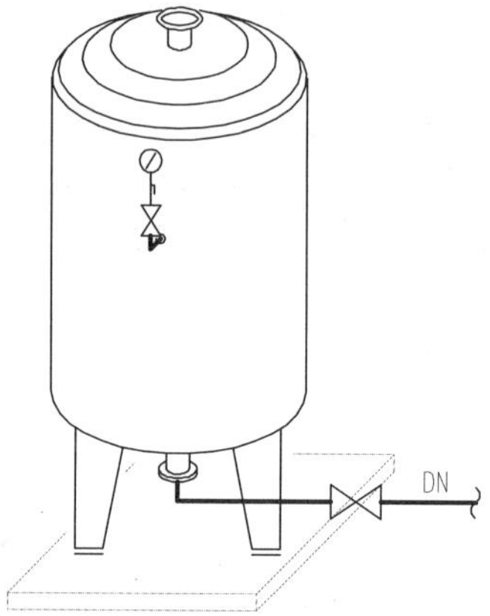

DN

2

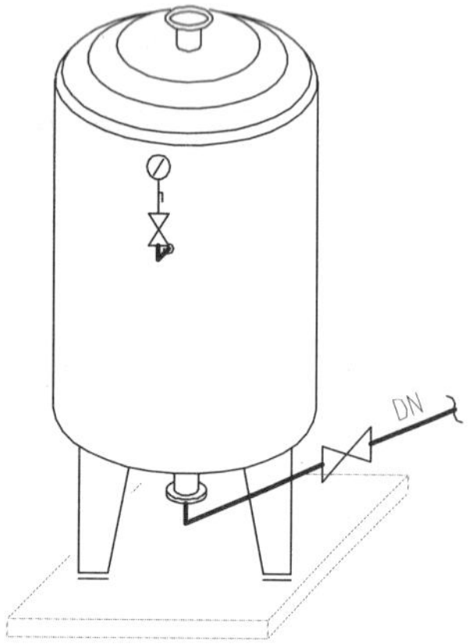

DN

3

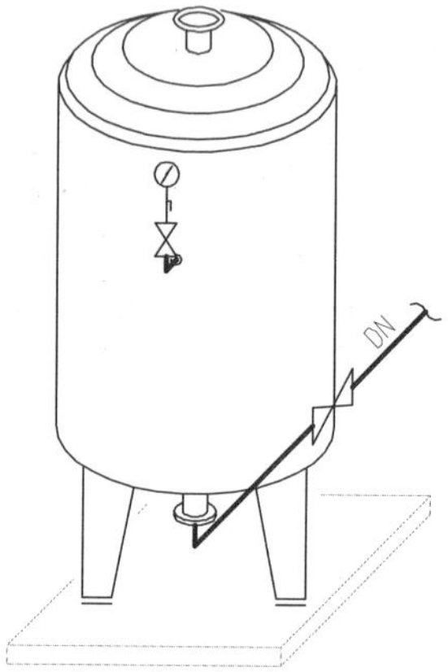

DN

4

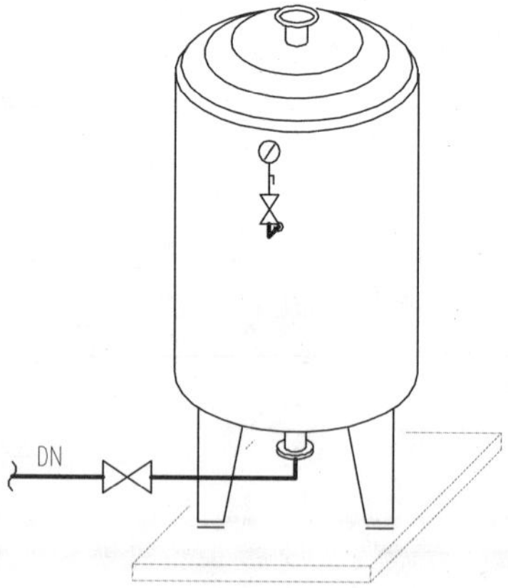

DN

5

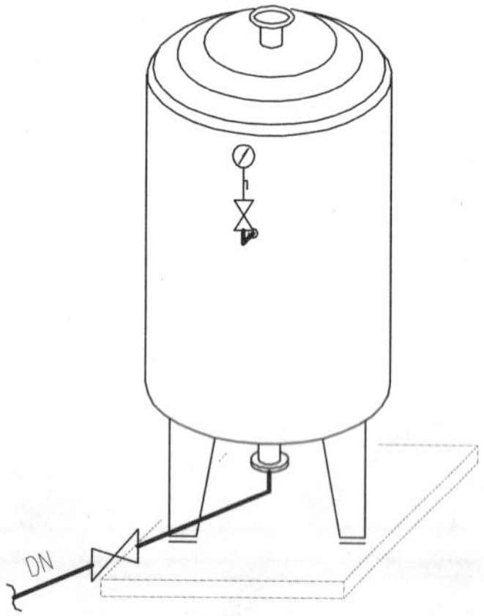

DN

6

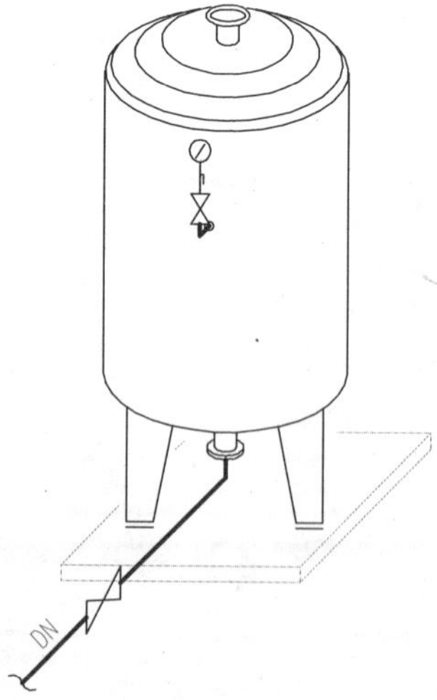

DN

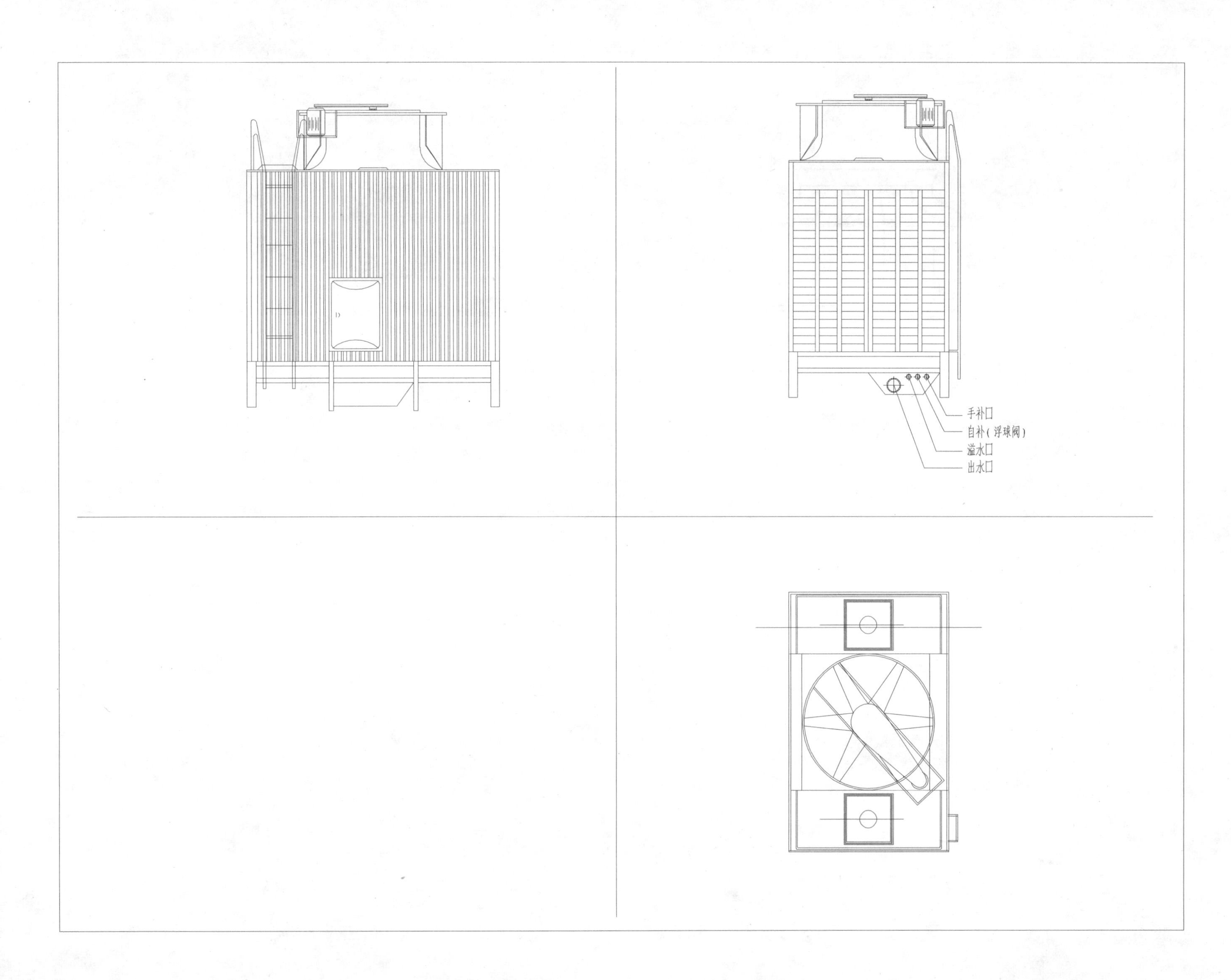
手补口
自补（浮球阀）
溢水口
出水口

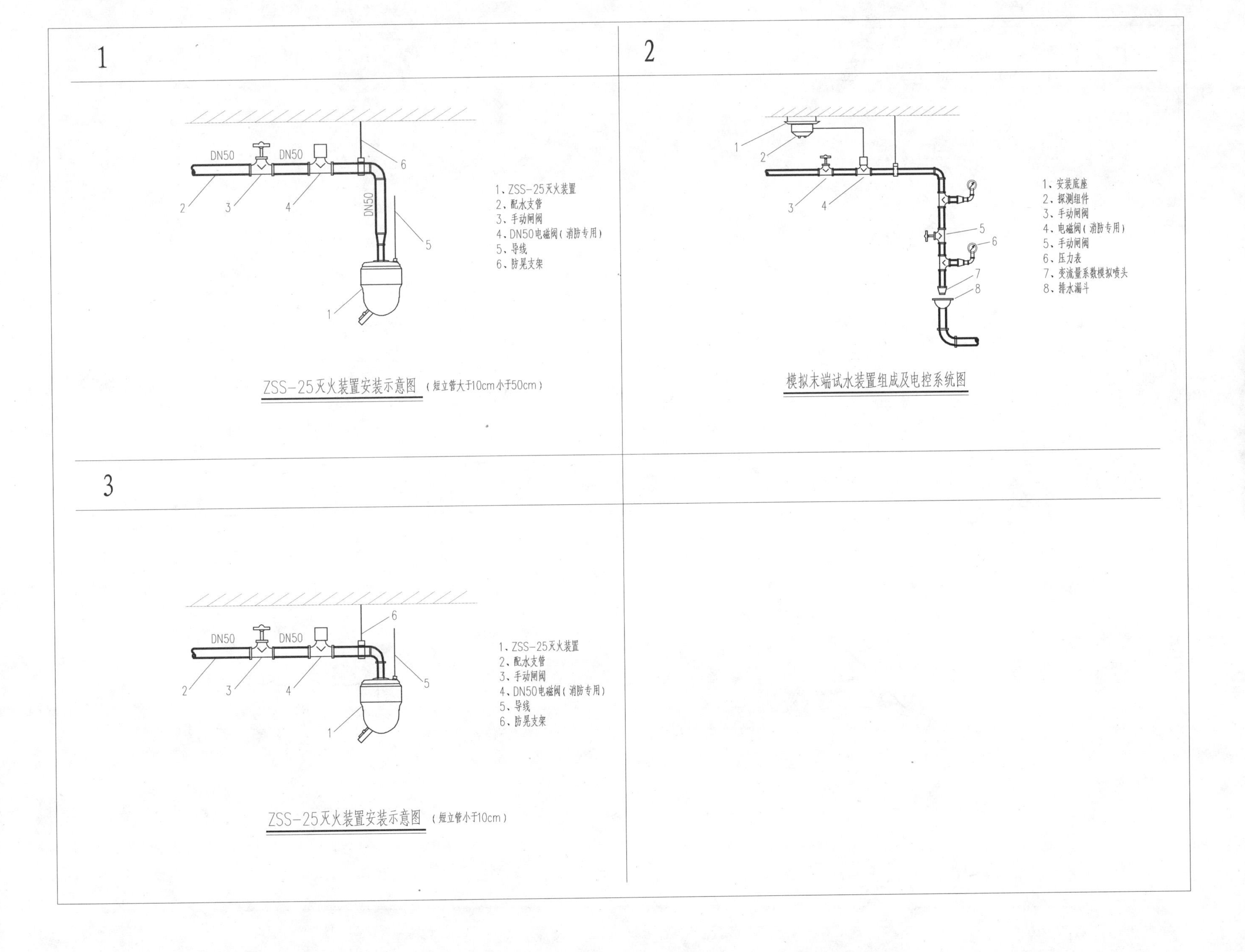

ZSS-25灭火装置安装示意图（短立管大于10cm小于50cm）

模拟末端试水装置组成及电控系统图

ZSS-25灭火装置安装示意图（短立管小于10cm）

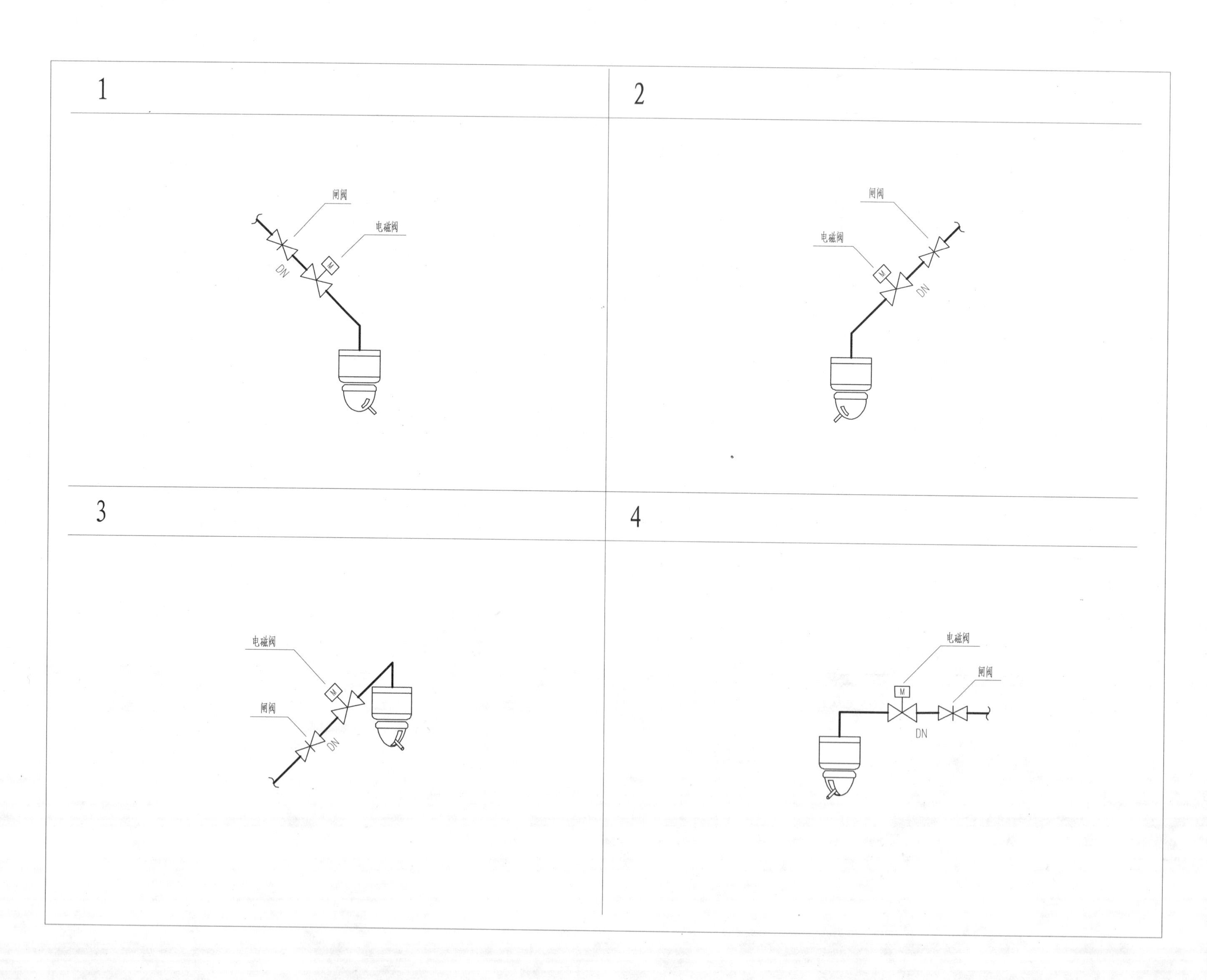
1
闸阀
电磁阀
M
DN
2
闸阀
电磁阀
M
DN
3
电磁阀
闸阀
M
DN
4
电磁阀
闸阀
M
DN

1

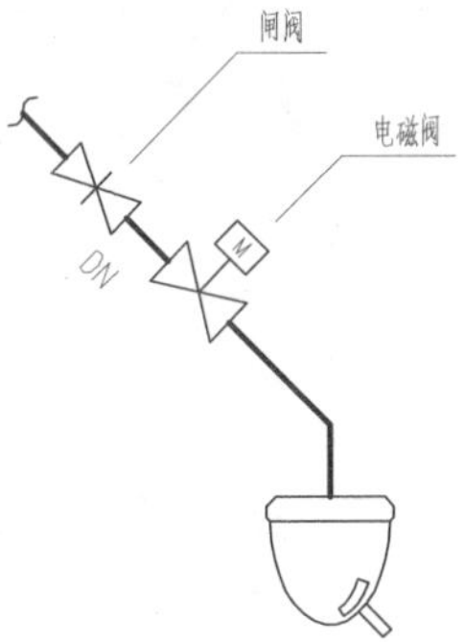

2

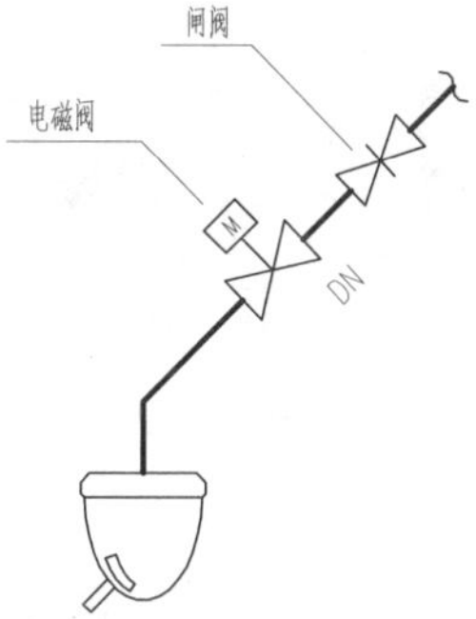

3

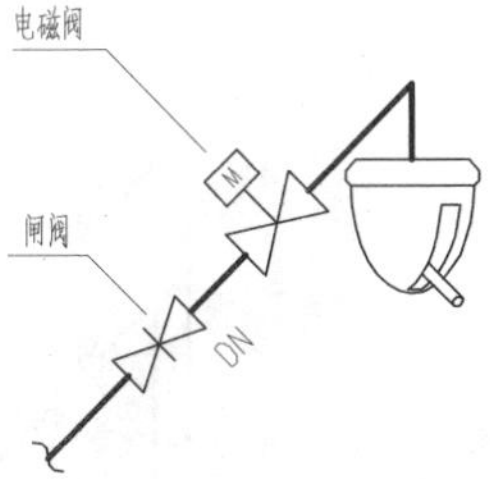

4

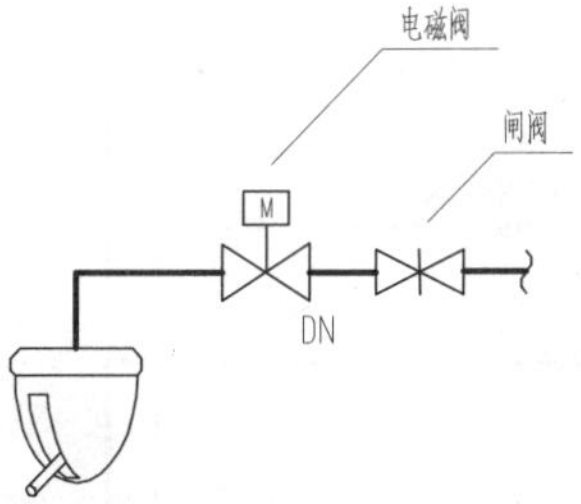

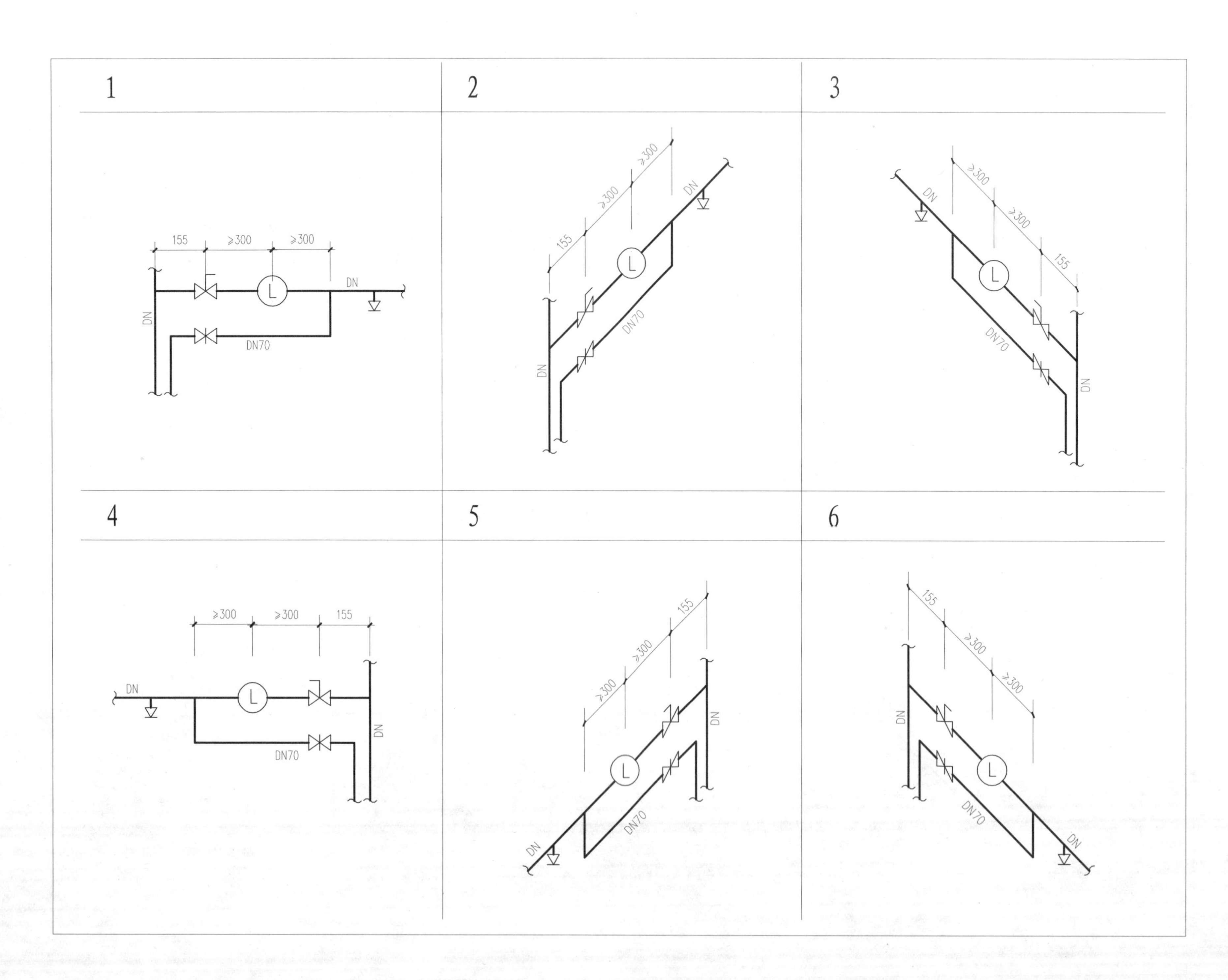
1
155
≥300
≥300
DN
DN
DN70
L
2
≥300
≥300
155
DN
DN
DN70
L
3
≥300
≥300
155
DN
DN
DN70
L
4
≥300
≥300
155
DN
DN
DN70
L
5
155
≥300
≥300
DN
DN
DN70
L
6
155
≥300
≥300
DN
DN
DN70
L

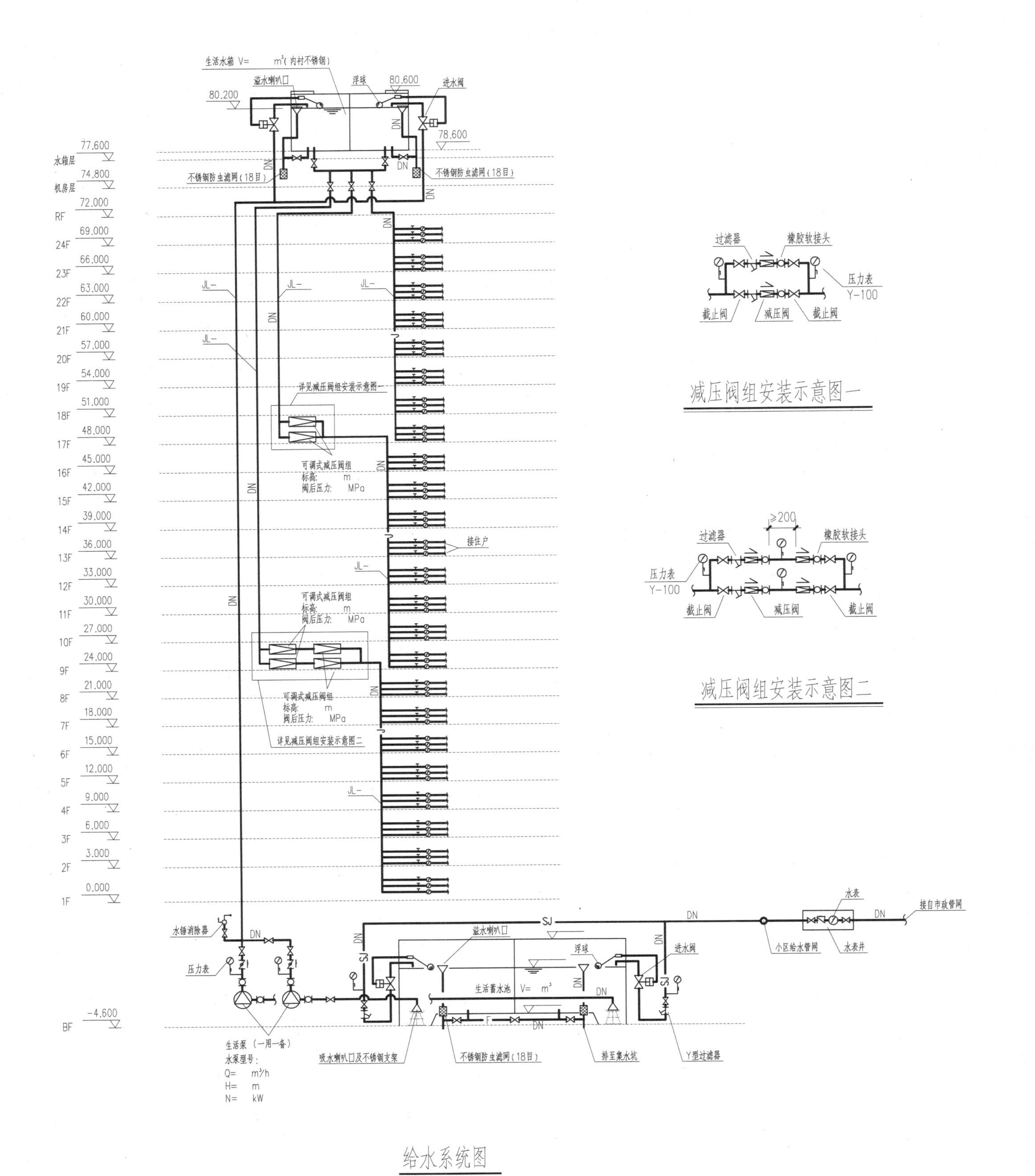

减压阀组安装示意图一

减压阀组安装示意图二

给水系统图

高层住宅：本图包含水池、水泵、屋顶水箱、减压阀组（本图仅供参考）

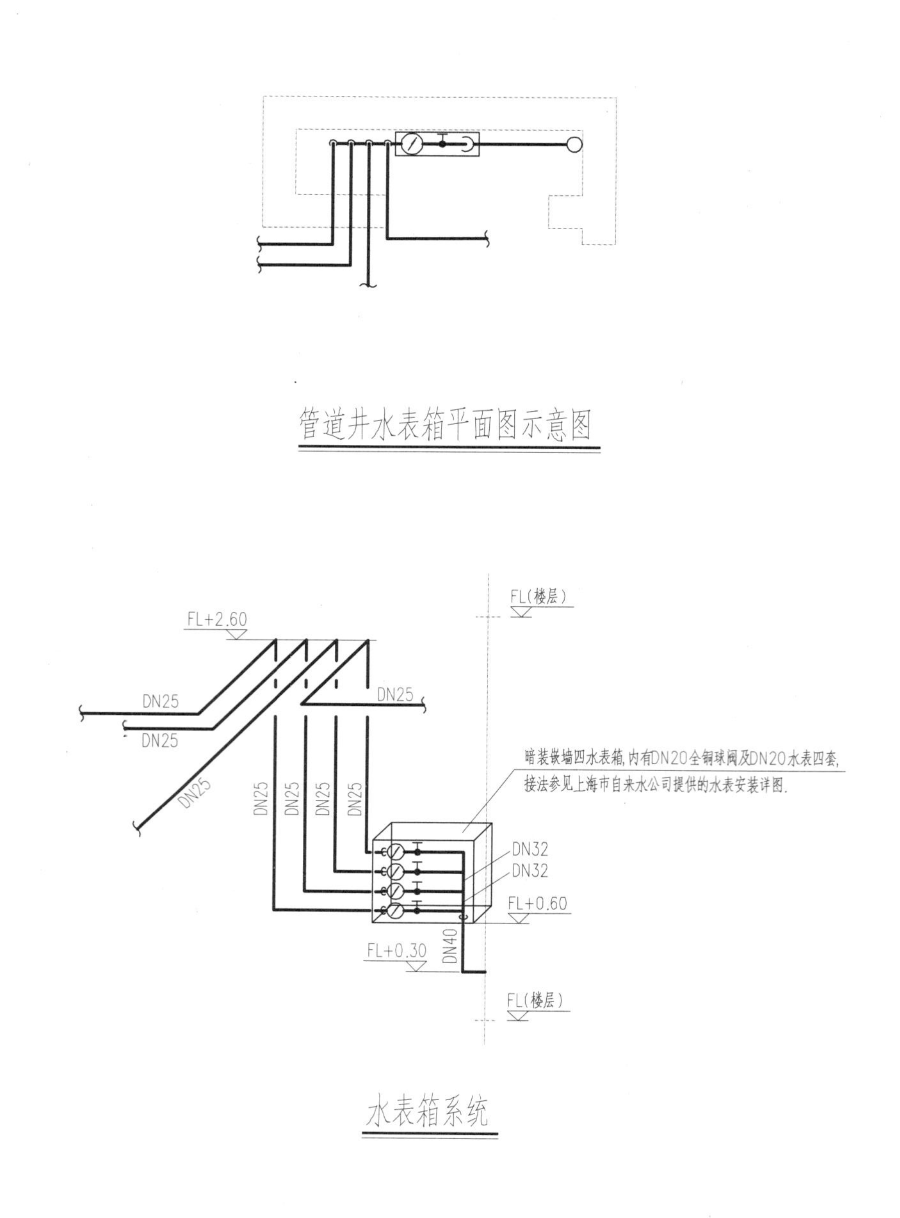

管道井水表箱平面图示意图

水表箱系统

给水透视图

高层住宅，小区集中给水泵房，减压阀组（本图仅供参考）

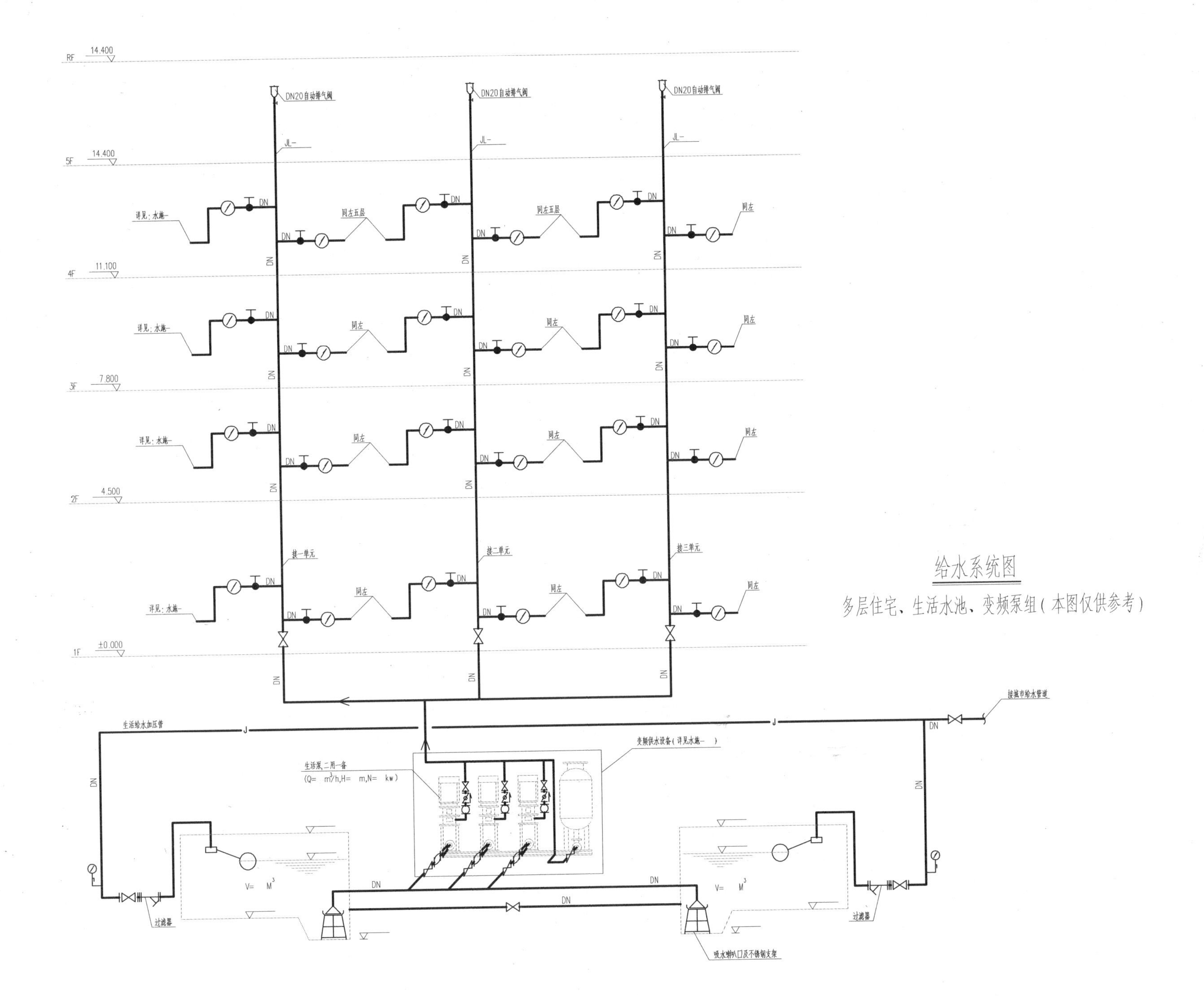

给水系统图

多层住宅、生活水池、变频泵组（本图仅供参考）

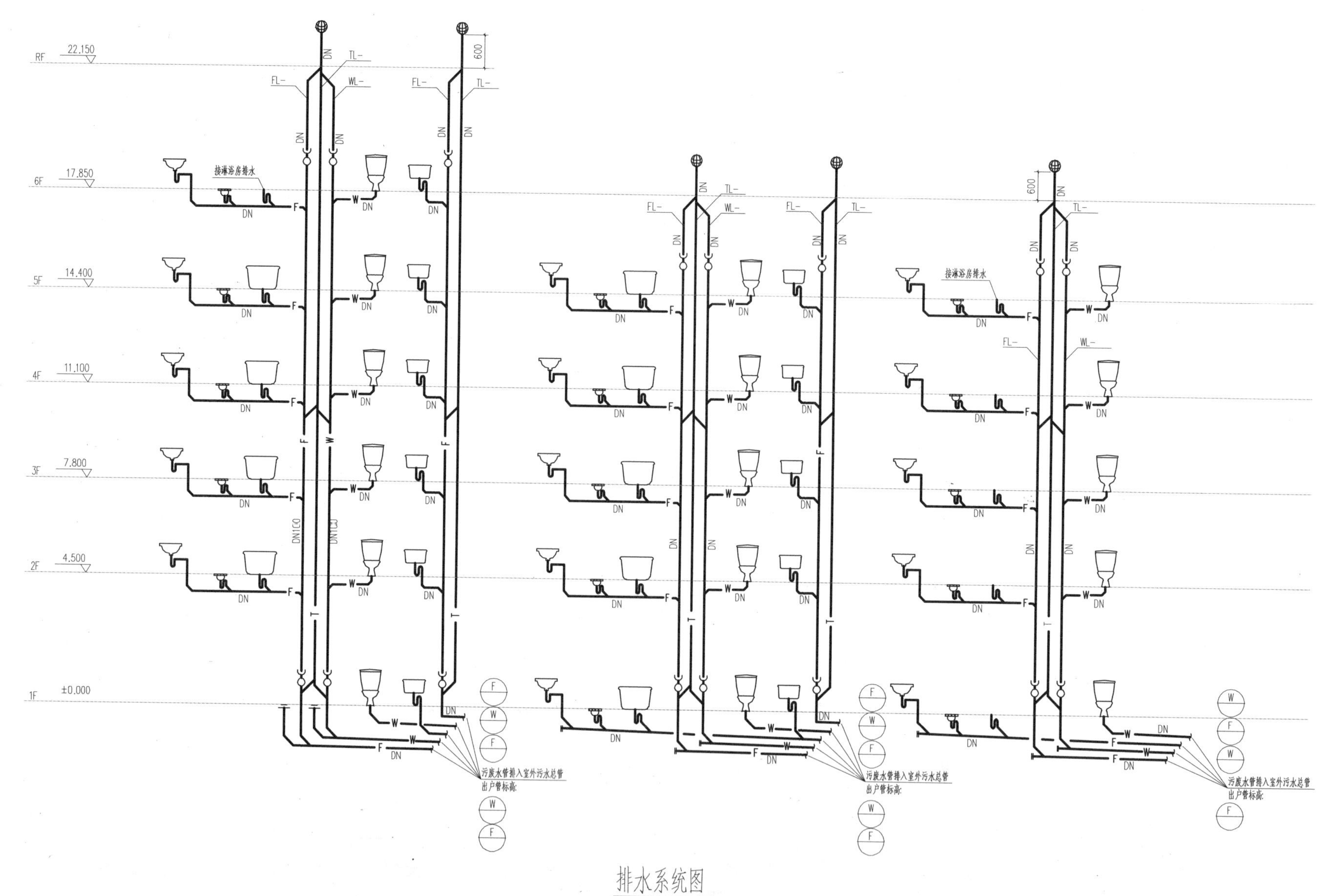

排水系统图

多层住宅、专用通气立管(本图仅供参考)

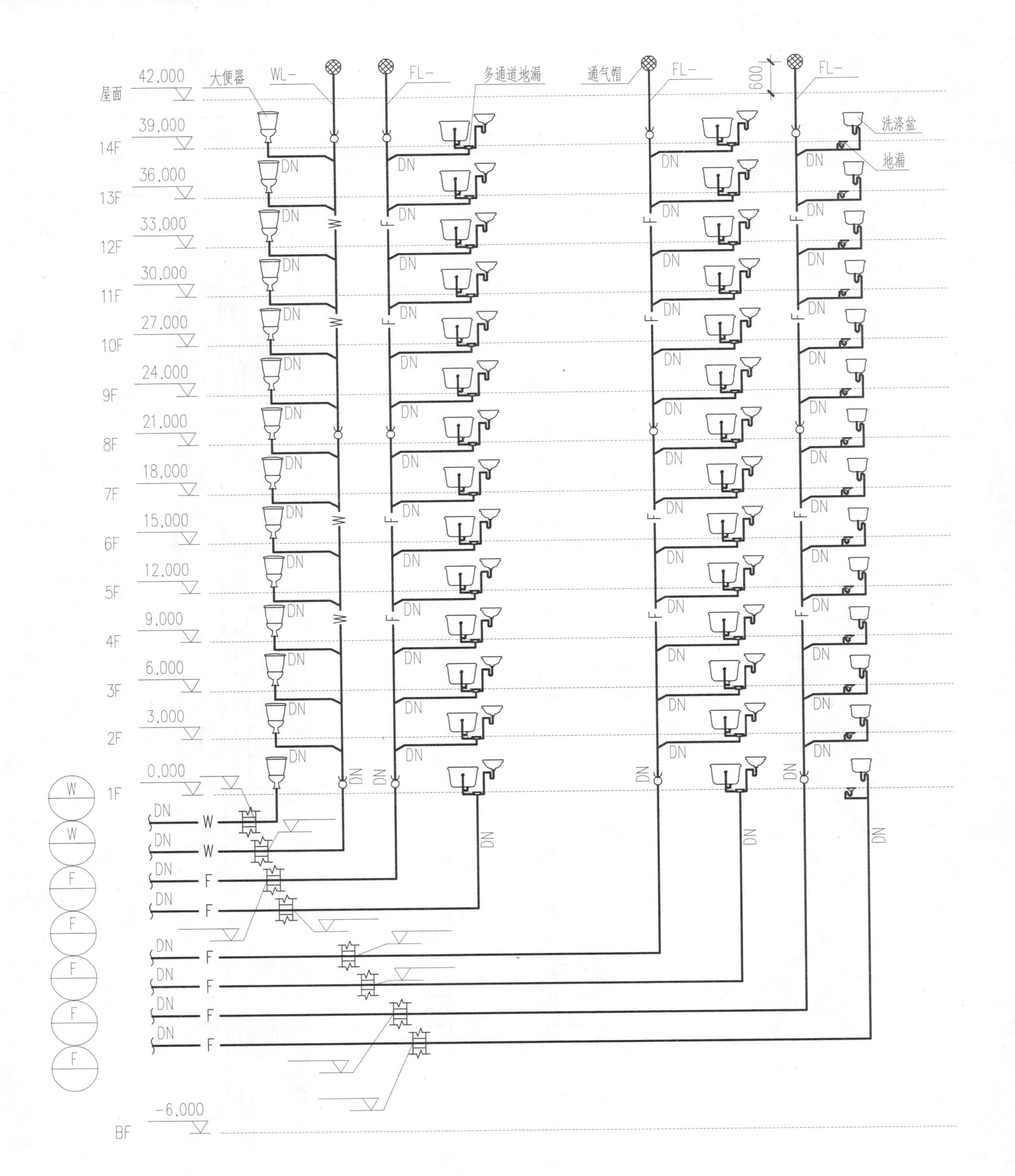

排水系统图

多层住宅、螺旋单立管（本图仅供参考）

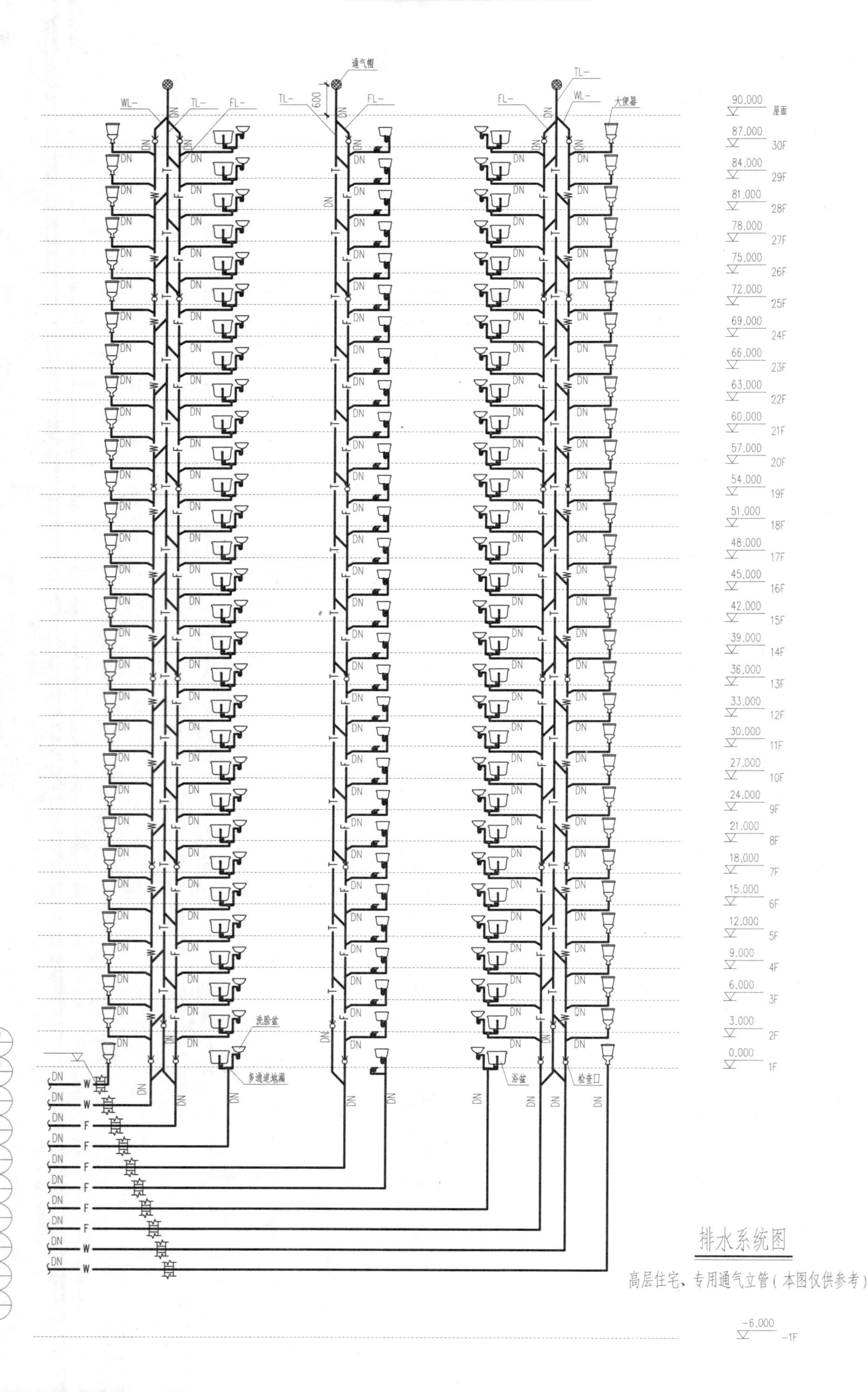

排水系统图

高层住宅、专用通气立管（本图仅供参考）

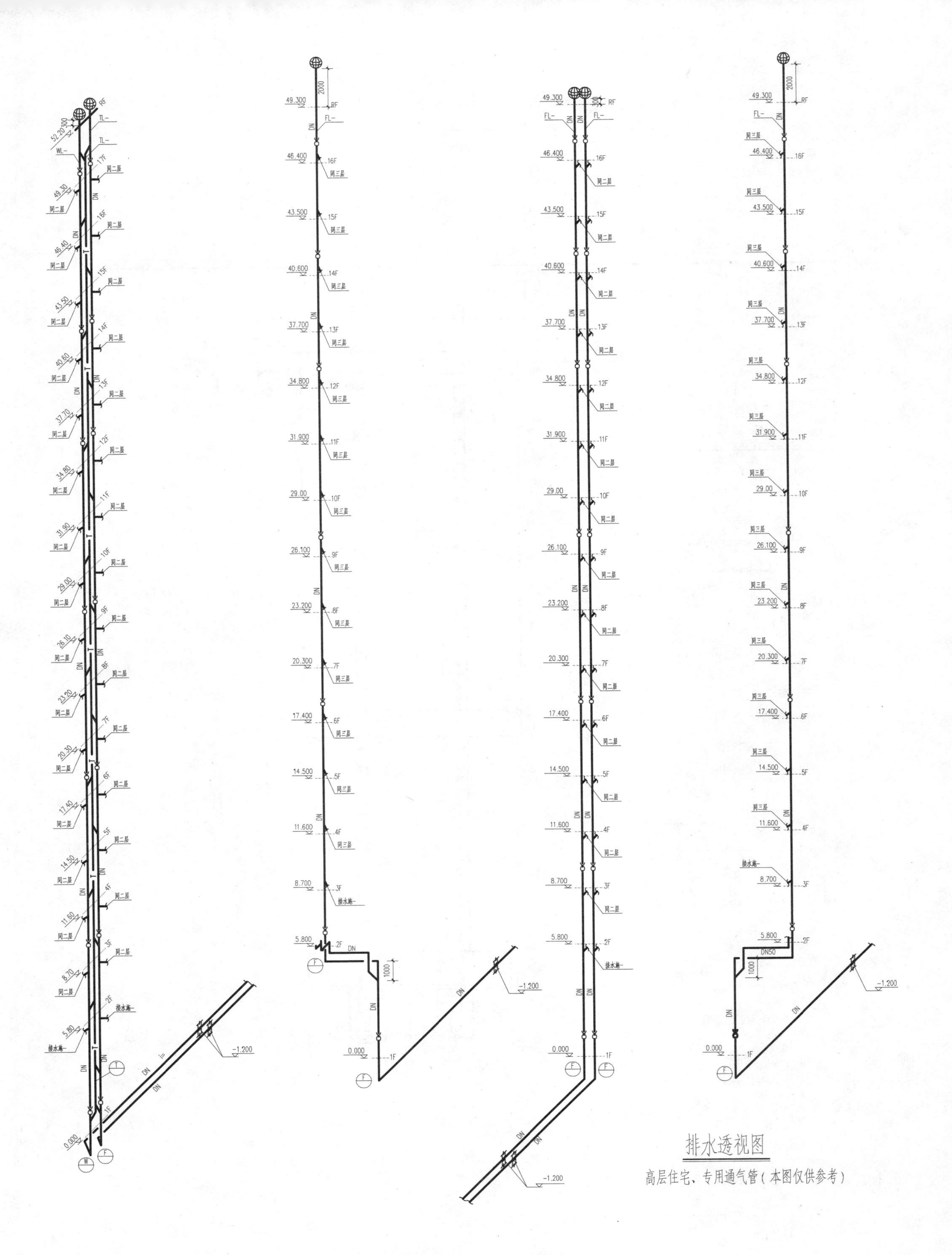
排水透视图
高层住宅、专用通气管（本图仅供参考）

注:

1. 各层接消火栓支管管径均为 DN70.
2. 各层消火栓栓口距该层走道地面高度均为1.1m.
3. 减压孔板安装详见:

楼层数	减压孔板孔径
18F	Ø
17F	Ø
16F	Ø
15F	Ø
2F	Ø
1F	Ø
−1F	Ø

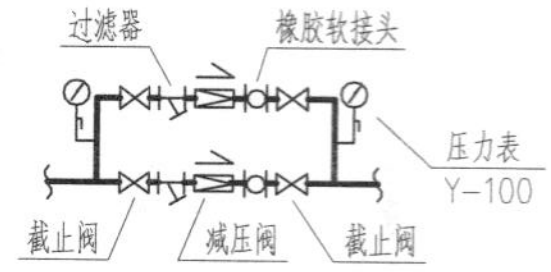

减压阀组安装示意图

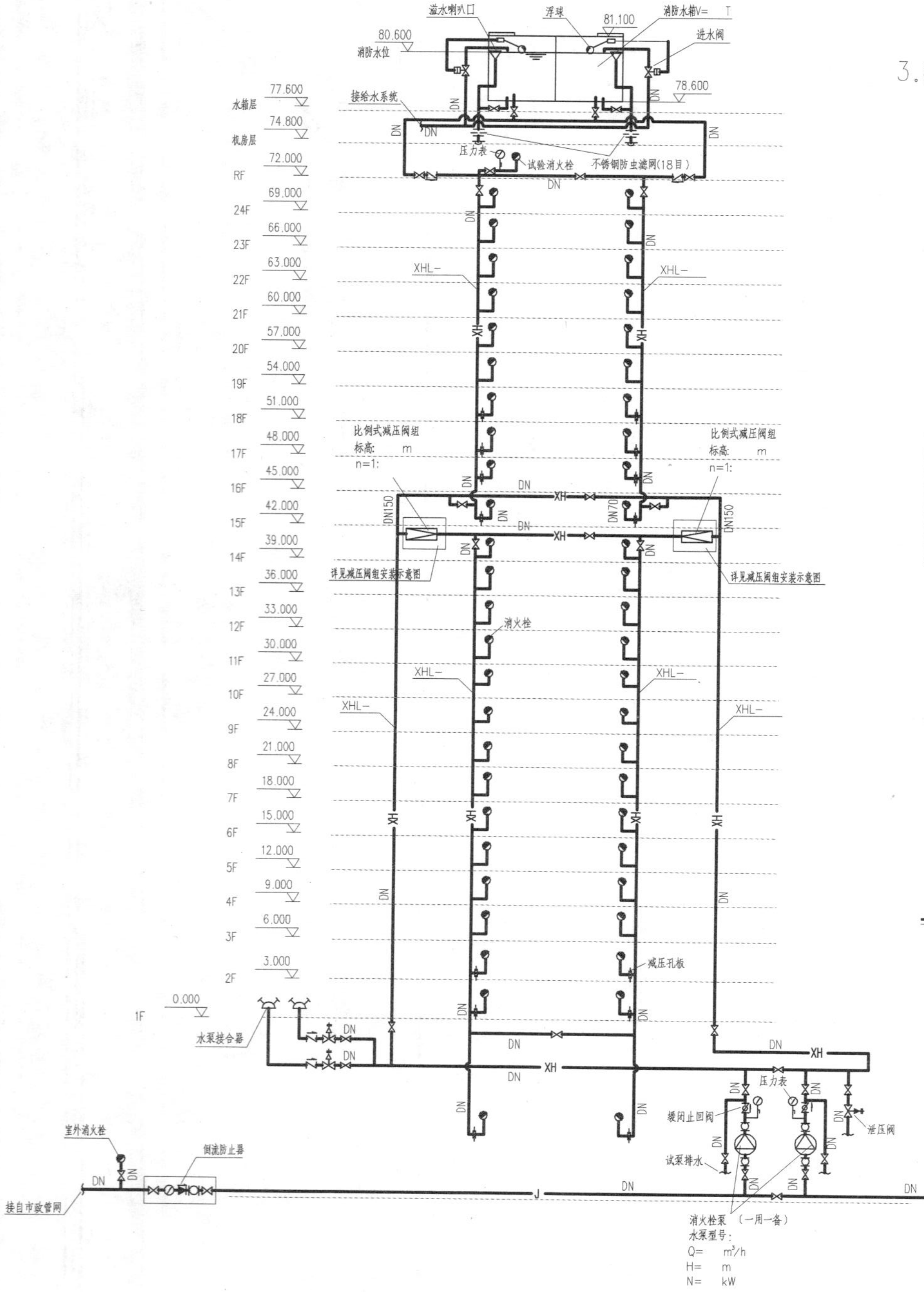

消火栓系统图

高层住宅、消火栓泵—屋顶水箱—减压阀组(孔板)、临时高压系统(本图仅供参考)

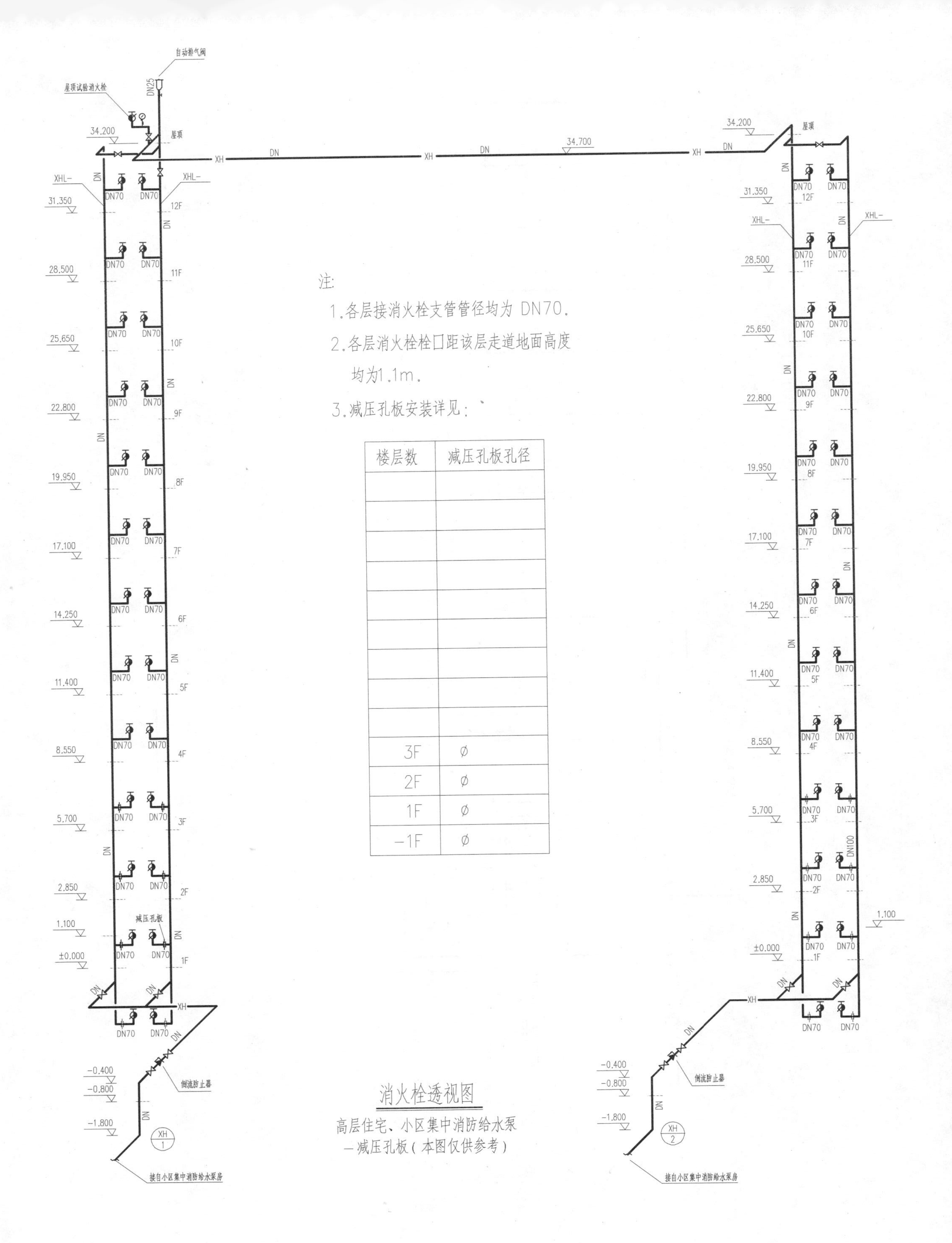

注:

1.各层接消火栓支管管径均为 DN70.

2.各层消火栓栓口距该层走道地面高度均为1.1m.

3.减压孔板安装详见:

楼层数	减压孔板孔径
3F	Ø
2F	Ø
1F	Ø
-1F	Ø

消火栓透视图

高层住宅、小区集中消防给水泵—减压孔板(本图仅供参考)

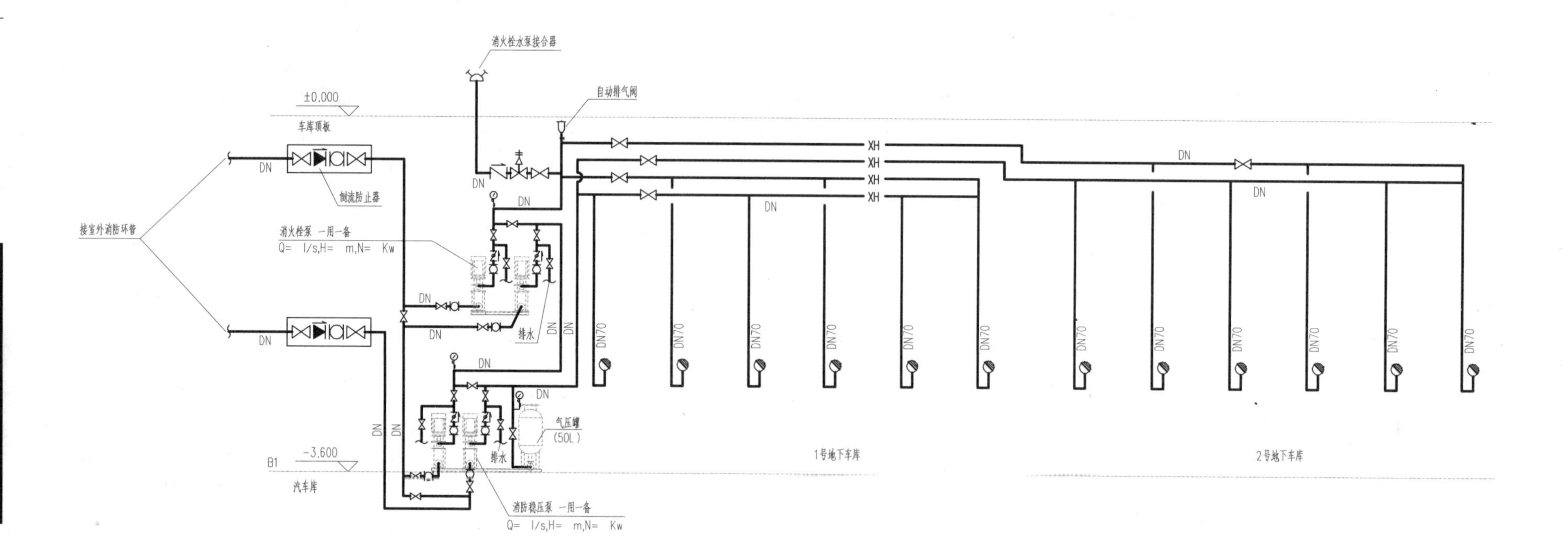

稳高压消火栓系统图

(此图仅供参考)

稳高压消火栓系统控制要求:

1.当管网压力下降至"设计压力+0.06MPa"时,启动稳压泵;管网压力上升至"设计压力+0.12MPa"时,停止稳压泵。

2.当管网压力下降至"设计压力"时,启动消火栓,同时停止稳压泵。

3.FAS的联动控制柜手动控制消火栓。

4.就地控制柜手动控制消火栓。

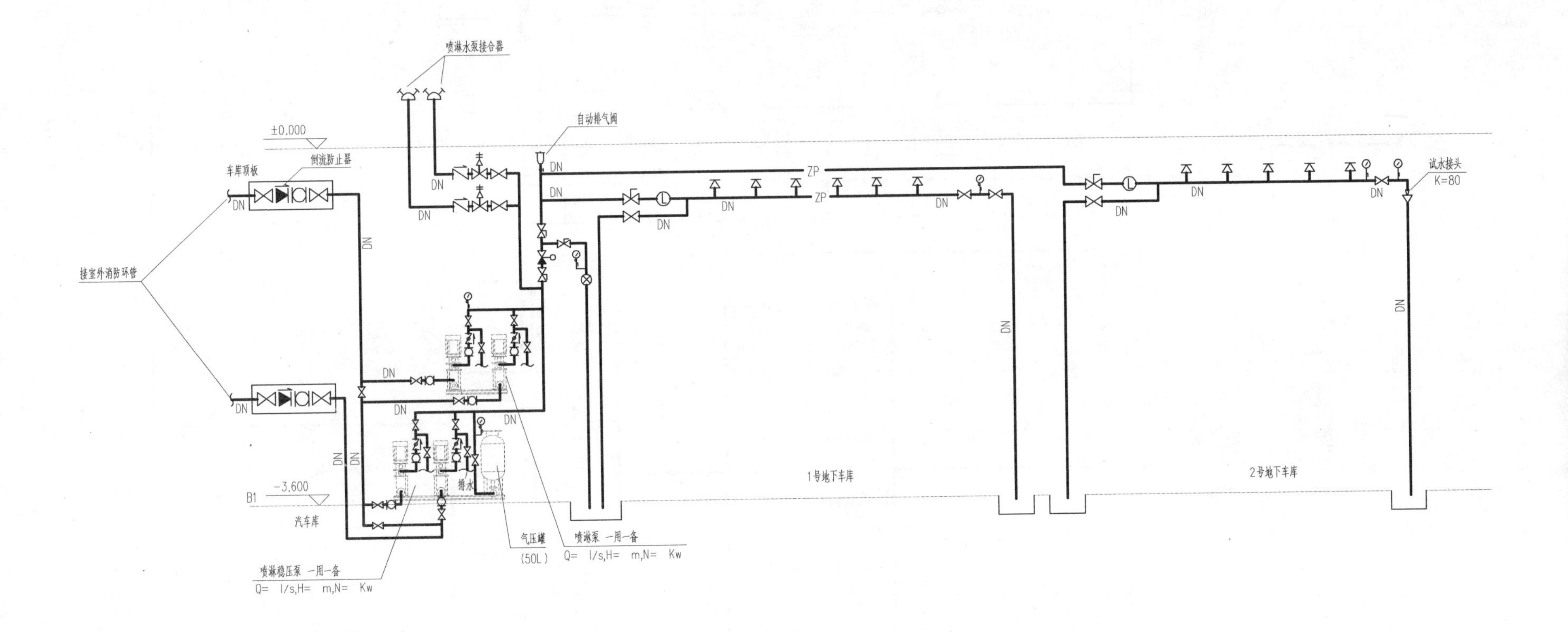

稳高压喷淋系统图

（此图仅供参考）

稳高压喷淋系统控制要求：

1.当管网压力下降至"设计压力+0.06MPa"时，启动稳压泵；管网压力上升至"设计压力+0.12MPa"时，停止稳压泵。

2.当管网压力下降至"设计压力"时，启动喷淋泵，同时停止稳压泵。

3.FAS的联动控制柜手动控制喷淋泵。

4.就地控制柜手动控制喷淋泵。

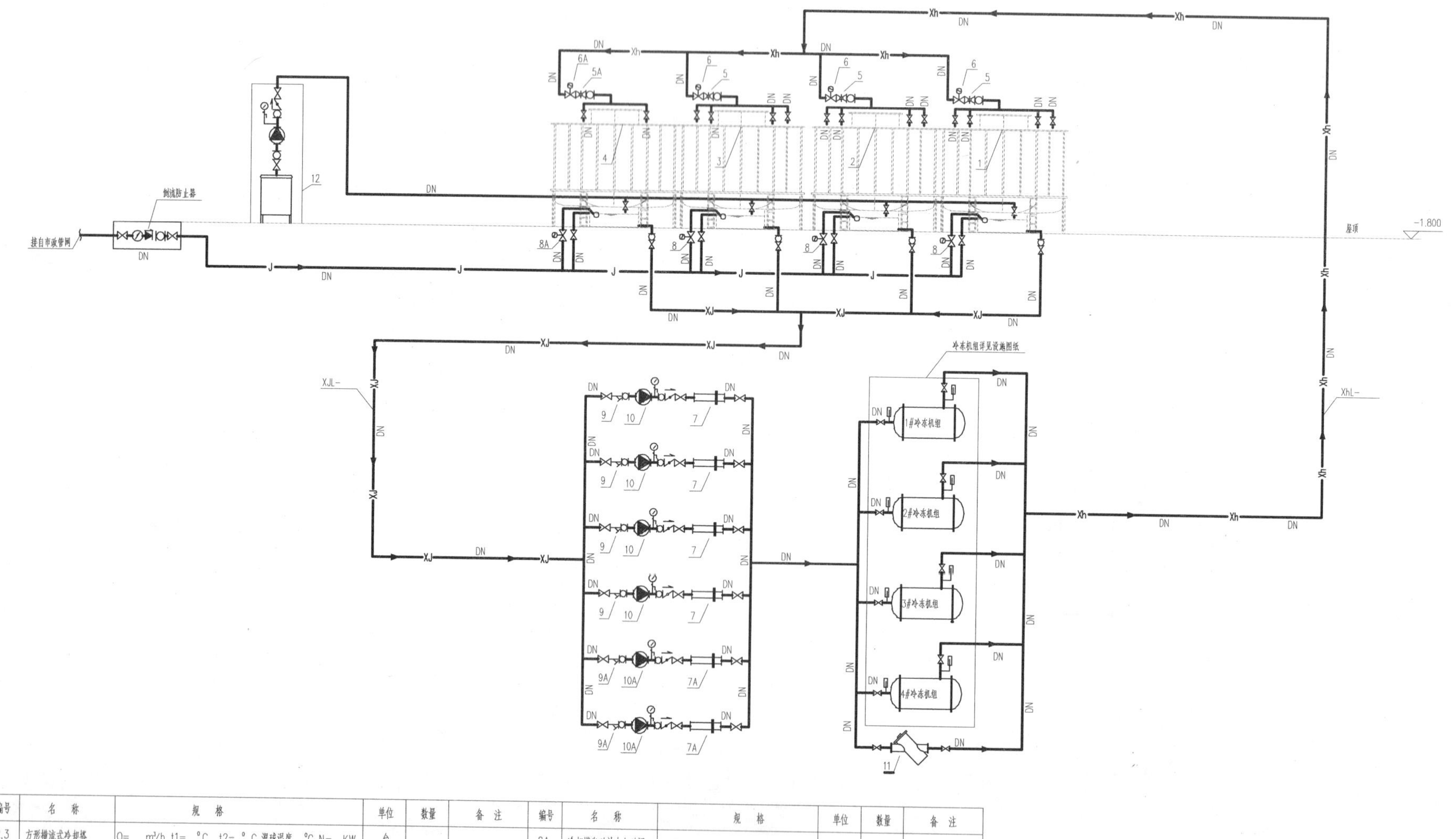

编号	名　称	规　格	单位	数量	备　注	编号	名　称	规　格	单位	数量	备　注
1,2,3	方形横流式冷却塔	Q=　m³/h t1=　°C　t2=　°C 湿球温度　°C N=　KW	台			8A	冷却塔自动补水电动阀	DN	只		
4	方形横流式冷却塔	Q=　m³/h t1=　°C　t2=　°C 湿球温度　°C N=　KW	台			9	Y 型过滤器	DN	只		
5	冷却塔进水平衡阀	DN	只			9A	Y 型过滤器	DN	只		
5A	冷却塔进水平衡阀	DN	只			10	冷却水循环泵	Q=　m³/h H=　m N=　Kw	台		用　备
6	冷却塔进水电动阀	DN	只			10A	冷却水循环泵	Q=　m³/h H=　m N=　Kw	台		用　备
6A	冷却塔进水电动阀	DN	只			11	自动反冲洗过滤器	处理水量　Q=　m³/h	只		
7	磁激水垢防止器	DN	只			12	自动加药装置	N=　kw.	套		
7A	磁激水垢防止器	DN	只								
8	冷却塔自动补水电动阀	DN	只								

循环冷却水系统图

前置泵－旁滤－自动加药（本图仅供参考）

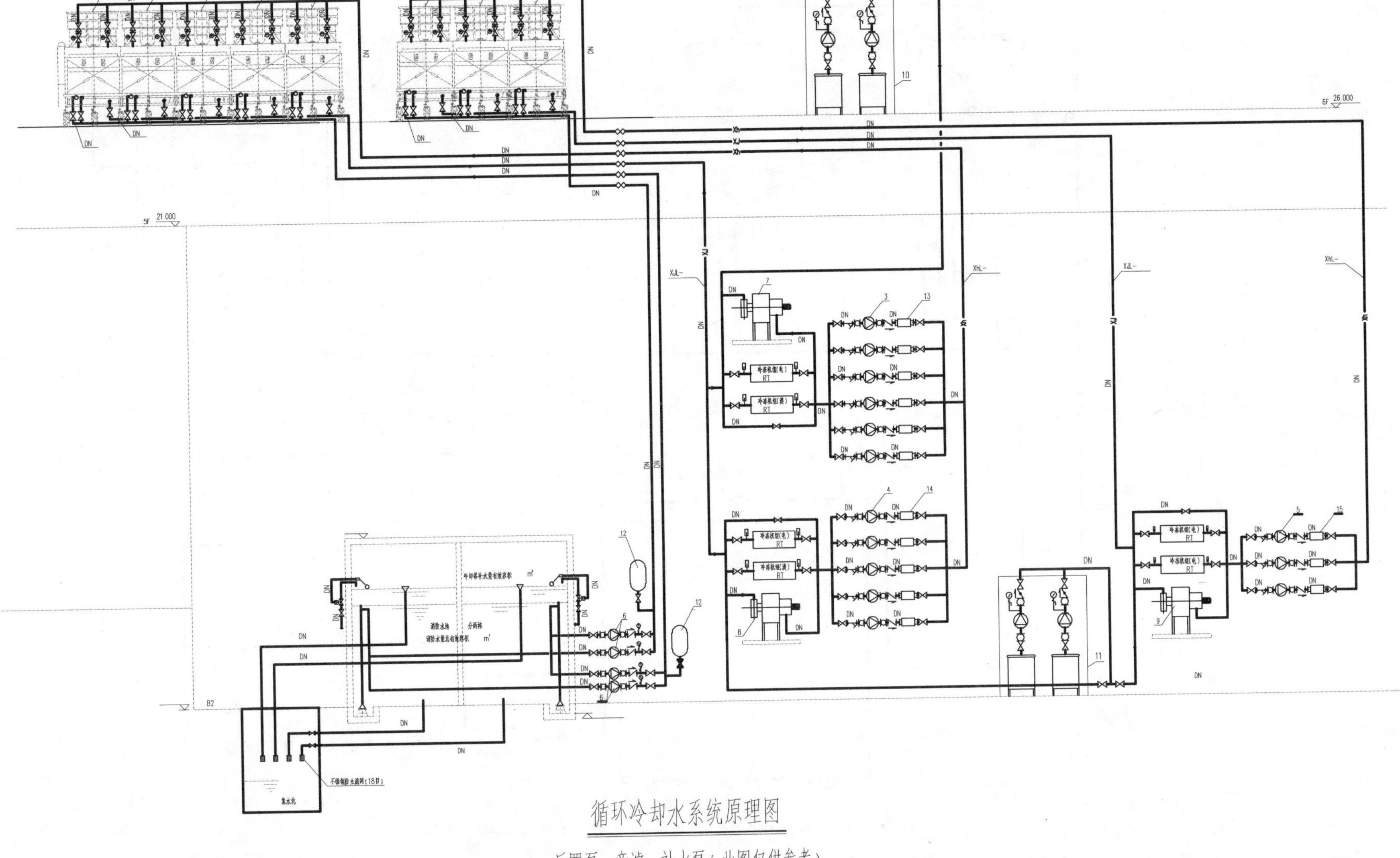

循环冷却水系统原理图

后置泵—旁滤—补水泵(此图仅供参考)

编号	名称	规格与参数	单位	数量	备注	编号	名称	规格与参数	单位	数量	备注	编号	名称	规格与参数	单位	数量	备注
5	冷却循环水泵	Q= m^3/h H= m N= kW			用备	10	自动加药装置	Q= m^3/h N= kW				15	内磁水处理器	DN			
4	冷却循环水泵	Q= m^3/h H= m N= kW			用备	9	冷却水处理器	Q= m^3/h N= kW				14	内磁水处理器	DN			
3	冷却循环水泵	Q= m^3/h H= m N= kW			用备	8	冷却水处理器	Q= m^3/h N= kW				13	内磁水处理器	DN			
2	超低噪声横流式冷却塔	Q= m^3/h t1= °C t2= °C 湿球温度 °C N= kW				7	冷却水处理器	Q= m^3/h N= kW				12	气压罐	V= m^3			
1	超低噪声横流式冷却塔	Q= m^3/h t1= °C t2= °C 湿球温度 °C N= kW				6	冷却水循环系统补水泵	Q= m^3/h H= m N= kW				11	自动加药装置	Q= m^3/h N= kW			

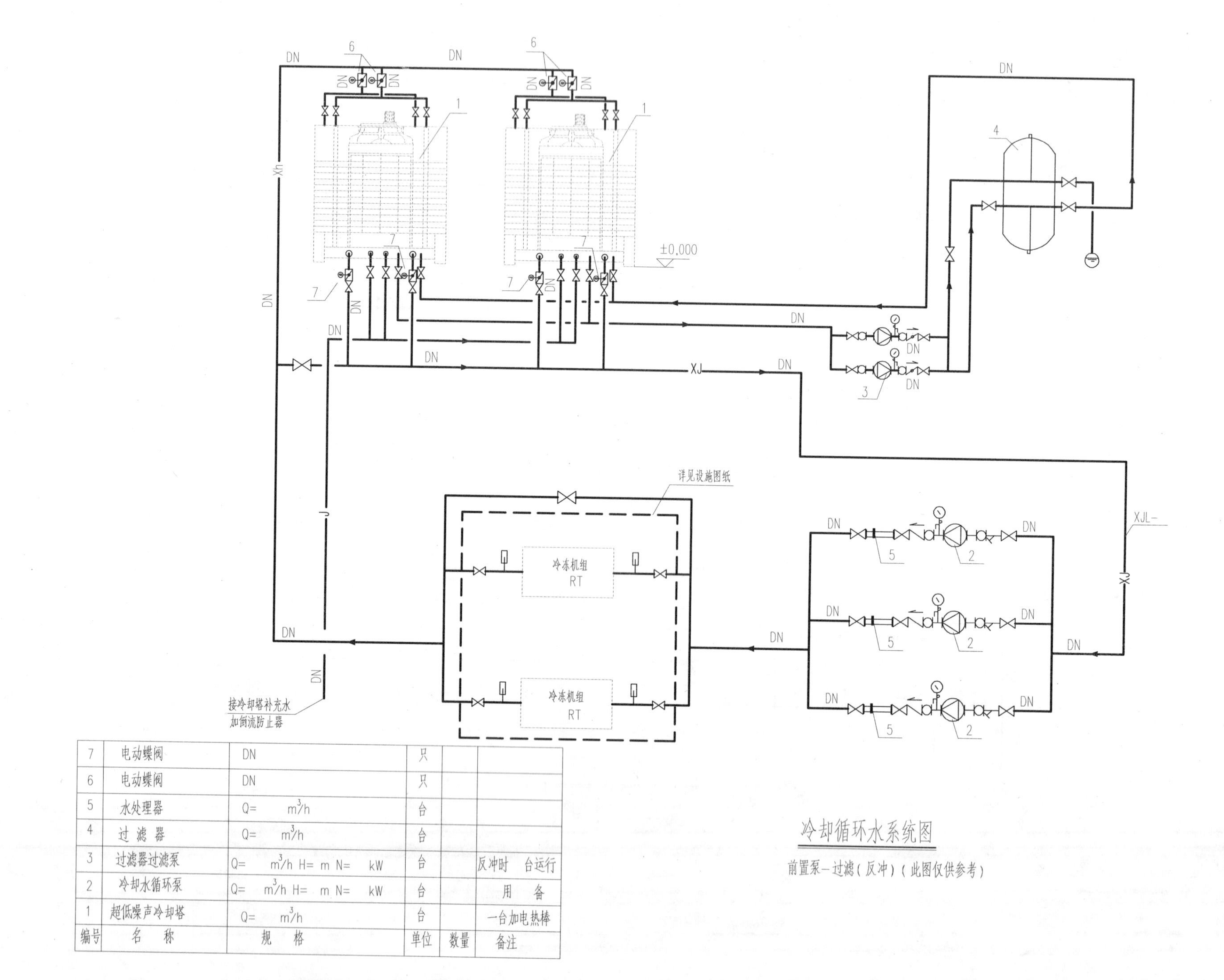

编号	名称	规格	单位	数量	备注
7	电动蝶阀	DN	只		
6	电动蝶阀	DN	只		
5	水处理器	Q= m³/h	台		
4	过滤器	Q= m³/h	台		
3	过滤器过滤泵	Q= m³/h H= m N= kW	台		反冲时 台运行
2	冷却水循环泵	Q= m³/h H= m N= kW	台		用 备
1	超低噪声冷却塔	Q= m³/h	台		一台加电热棒

冷却循环水系统图

前置泵－过滤（反冲）（此图仅供参考）

名称	图例	名称	图例
生活给水管（标准）	—J—	压力雨水管（标准）	—YY—
热水给水管（标准）	—RJ—	膨胀管（标准）	—PZ—
热水回水管（标准）	—RH—	空调凝结水管（标准）	—SP—
中水给水管（标准）	—ZJ—	雨淋灭火给水管（标准）	—YL—
循环给水管（标准）	—XJ—	水幕灭火给水管（标准）	—SM—
循环回水管（标准）	—Xh—	水炮灭火给水管（标准）	—SP—
热媒给水管（标准）	—RM—	消火栓给水管（标准）	—XH—
热媒回水管（标准）	—RMH—	自动喷水灭火给水管（标准）	—ZP—
蒸汽管（标准）	—Z—	保温管（标准）	
凝结水管（标准）	—N—	多孔管（标准）	
废水管（标准）	—F—	地沟管（标准）	
压力废水管（标准）	—YF—	防护套管（标准）	
通气管（标准）	—T—	管道立管（标准）	XL-1 平面　XL-1 系统
污水管（标准）	—W—	伴热管（标准）	
压力污水管（标准）	—YW—	排水明沟（标准）	坡向
雨水管（标准）	—Y—	排水暗沟（标准）	坡向

名称	图例	名称	图例
套管伸缩器(标准)		挡墩(标准)	
方形伸缩器(标准)		减压孔板(标准)	
刚性防水套管(标准)		毛发聚集器(标准)	平面 系统
柔性防水套管(标准)		Y型过滤器(标准)	
波纹管(标准)		拉杆伸缩式Y型过滤器	
可曲挠橡胶接头(标准)		倒流防止器(标准)	
管道固定支架(标准)		倒流防止器阀组(带过滤器)	
管道滑动支架(标准)		倒流防止器阀组(不带过滤器)	
立管检查口(标准)		吸气阀(标准)	
清扫口(标准)	平面 系统	防虫网罩	
通气帽(标准)	成品 铅丝球		
雨水斗(标准)	YD- 平面 YD- 系统		
排水漏斗(标准)	平面 系统		
圆形地漏(标准)			
方形地漏(标准)			
自动冲洗水箱(标准)			

名　　称	图　　例	名　　称	图　　例
法兰连接(标准)			
承插连接(标准)			
活接头(标准)			
管堵(标准)			
法兰堵盖(标准)			
管道弯转(标准)			
管道丁字上接(标准)			
管道丁字下接(标准)			
三通连接(标准)			
四通连接(标准)			
管道交叉(标准)			
盲板(标准)			

名　　称	图　　例	名　　称	图　　例
偏心异径管（标准）			
异径管（标准）			
乙字管（标准）			
喇叭口（标准）			
转动接头（标准）			
短管（标准）			
存水弯（标准）			
弯头（标准）			
正三通（标准）			
斜三通（标准）			
正四通（标准）			
斜四通（标准）			
浴盆排水件（标准）			
承插弯头			

名　称	图　例	名　称	图　例
闸阀（标准）		压力调节阀（标准）	
角阀（标准）		电磁阀（标准）	
三通阀（标准）		止回阀（标准）	
四通阀（标准）		消声止回阀（标准）	
截止阀（标准）	截止阀DN≥50　截止阀DN<50	蝶阀（标准）	
电动阀（标准）		弹簧安全阀（标准）	
液动阀（标准）		平衡锤安全阀（标准）	
气动阀（标准）		安全阀	
减压阀（标准）		电动蝶阀	
旋塞阀（标准）	平面　系统	气动蝶阀	
底阀（标准）		液动蝶阀	
球阀（标准）		电动隔膜阀	
隔膜阀（标准）		持压阀	
气开隔膜阀（标准）		泄压阀	
气闭隔膜阀（标准）		自动排气阀（标准）	平面　系统
温度调节阀（标准）		浮球阀（标准）	平面　系统

名称	图例	名称	图例
延时自闭冲洗阀（标准）			
吸水喇叭口（标准）	平面 系统		
疏水器（标准）			

名称	图例	名称	图例
放水龙头(标准)	平面　系统	大便器感应式冲洗阀	
放水龙头	平面　系统	小便器感应式冲洗阀	
皮带龙头(标准)	平面　系统		
皮带水龙头(洗衣机龙头)	平面　系统		
洒水(栓)龙头			
肘式开关(标准)			
脚踏开关(标准)			
化验龙头			
混合水龙头(标准)			
旋转水龙头(标准)			
浴盆带软管喷头混合水龙头(标准)			
蹲便器脚踏开关			
淋浴器脚踏开关			
淋浴器浴盆双把混合龙头			
洗脸(手)盆混合龙头			
感应式冲洗阀			

名称	图例		名称	图例	
单口室内消火栓(标准)	平面	系统	边墙型开式喷头	平面	系统
单阀单栓消火栓	平面	系统	边墙型闭式喷头	平面	系统
双口室内消火栓(标准)	平面	系统	直立型水幕喷头	平面	系统
双阀双栓消火栓	平面	系统	下垂型水幕喷头	平面	系统
消防卷盘	平面	系统	边墙型水幕喷头	平面	系统
单阀单栓消火栓附消防卷盘	平面	系统	湿式报警阀(标准)	平面	系统
双阀双栓消火栓附消防卷盘	平面	系统	湿式报警阀组(前为遥控信号阀)(标准)	平面	系统
减压孔板(标准)			湿式报警阀组	平面	系统
直立型闭式喷头(标准)	平面	系统	干式报警阀(标准)	平面	系统
下垂型闭式喷头(标准)	平面	系统	干式报警阀组(前为遥控信号阀)(标准)	平面	系统
上下喷闭式喷头(标准)	平面	系统	干式报警阀组	平面	系统
直立型开式喷头(标准)	平面	系统	预作用报警阀(标准)	平面	系统
下垂型开式喷头(标准)	平面	系统	预作用报警阀组(前为遥控信号阀)(标准)	平面	系统
水喷雾喷头	平面	系统	预作用报警阀组	平面	系统
边墙型自动喷头(标准)	平面	系统	雨淋阀(标准)	平面	系统
边墙型喷头(标准)	平面	系统	雨淋阀组(前为遥控信号阀)(标准)	平面	系统

名称	图例	名称	图例
雨淋阀组	平面 系统		
水流指示器（标准）			
水流指示器			
水泵接合器（标准）			
水泵接合器			
水泵接合器组合			
水炮（标准）			
水力警铃（标准）			
手提式灭火器			
推车式灭火器			

名称	图例	名称	图例
厨房洗涤盆		盥洗槽	
低水箱坐式大便器		家用洗衣机	
净身盆			
洗脸盆（立式，墙挂式）			
洗脸盆（台式）			
浴盆			
按摩浴盆			
淋浴房			
洗涤盆			
坐式大便器			
蹲便器			
立式小便器			
壁挂式小便器			
妇女卫生盆			
洗涤槽			
污水池			

名称	图例	名称	图例
矩形化粪池（标准）	HC		
圆形化粪池（标准）	HC		
隔油池（标准）	YC		
沉淀池（标准）	CC		
降温池（标准）	JC		
中和池（标准）	ZC		
单口雨水口（标准）			
双口雨水口（标准）			
检查井（标准）			
水封井（标准）			
跌水井（标准）			
水表井（标准）			
升降式浇灌喷头			
跑道浇灌用洒水栓			
室外水泵接合器			
室外消火栓（标准）			

名称	图例	名称	图例
水泵（标准）	平面　系统		
潜水泵（标准）			
定量泵（标准）			
立式热交换器（标准）			
卧式热交换器（标准）			
开水器（标准）	平面　系统		
紫外线消毒器			
水锤消除器			

名　　称	图　　例	名　　称	图　　例
温度计(标准)			
压力表(标准)			
自动记录压力表(标准)			
压力控制器(标准)			
水表(标准)			
自动计录流量计(标准)			
转子流量计(标准)			
真空表(标准)			
温度传感器　(标准)	T		
压力传感器(标准)	P		
pH值传感器(标准)	pH		
酸传感器(标准)	H		
碱传感器(标准)	Na		
余氯传感器(标准)	CL		